# 環境法入門

第4版

交告尚史・臼杵知史・前田陽一・黒川哲志［著］

# 第4版 はしがき

本書の初版が出てから今年の秋で15年になる。われわれ4名は元々流離いのジャズミュージシャンであるから，当初は自分の好きな楽器を好き勝手に鳴らしていたのであるが，さすがにこれだけの時が流れると，それぞれがそれなりに全体の調和を気に掛けるようになってくる。

今回の改訂では，国際法の世界の出来事を一冊の中にどう取り込むかがとくに大きな課題になった。クラシック音楽のコンサートに準えれば，国際法のコンサートマスターが起立して弓を弾く。すると，こちらのパート，あちらのパートから静かに音が立ち上がり，しまいに全体がボワーと鳴り響いて「これでよし」となる。本来はそんなイメージでなければならない。二，三例を挙げよう。まず京都議定書に代わる枠組みとしてパリ協定が2016年12月8日にわが国について発効したが，国際法の見地からこのことを記述することは当然として，対応するわが国の取組みを説明する必要がある。また，2017年8月16日に水銀に関する水俣条約が発効したので，大気汚染防止法など国内法がこれにどのように対応したかを明らかにしなければならない。さらに，自然保護の領域では，自然環境保全法が改正されて沖合海底自然環境保全地域という仕組みが設けられたが，これには愛知ターゲットを達成するための手段という意味合いがある。

即興を悦びとして活動を続けてきたわれわれが，はたして音合わせの作業を無難にこなせているかどうか。はなはだ心許ないことではあるが，ともかくわれわれは努力した。読者におかれては，国際法と国内法の関連を強く意識して，本書の記述を大いに読み込んでいただきたい。それが環境法学習の愉しみの一つであることはたしかである。

二代目女将の中野亜樹さんは，ますますご壮健である。今回もたいへんお世話になった。厚く御礼申し上げる。

2020年2月

4名を代表して　交 告 尚 史

# 初版 はしがき

環境法はたいへん楽しい学問である。何が楽しいかといえば，やはり，民法，行政法，国際法など様々な法分野の知識のほか，自然科学の知識なども含めて，いろいろ関係づけて考察できるところであろう。「いろいろなことを関係づけて考察しなければならないのか！」と尻込みされてしまう方がいるかもしれないが，今まで関係があるように見えなかった事柄の中に関係性を見出すということは真に心地よい体験である。

本書は，読者をそうした素晴らしい世界に誘うために編まれた入門者向きの教科書である。ぜひ最後まで読み通していただきたい。著者一同そう祈念し，学問的な正確さを幾ばくかは犠牲にして，できる限り平易な言い回しになるように心がけた。もちろん，民法，行政法，国際法などの専門用語を全く使わなかったわけではない。法律学を学んだことのない方が独力で取り組まれた場合には，おそらく幾分かは違和感が残るだろうと思う。しかし，それでも構わずに読み進めていただきたい。各章の冒頭に置かれた「あらまし」(序文) が手引きになってくれるはずである。また，各処に配置されたコラムをお読みいただければ，理解が格段に深まること請け合いである。さらには，本書自慢の年表で読者がご自分の記憶を鮮明なものにして下さると嬉しい。

昔ある高名なジャズピアニストの催しで，ジャズはクラシックとは違って決まり事が少なく，サックスが変化すればそれに応じてピアノも変化するという臨機応変，即興の芸であるという趣旨の話を聞いたことがある。われわれ４人の間ではとくに決まり事は設けなかったが，はたして他のメンバーの変化に応じて臨機の対応ができたかどうか甚だ心許ない。各自得意の楽器を勝手に鳴らしているだけという印象を受ける方もおられるであろう。それも宜なるかな，われわれは旅先の酒場で偶然出遭った流れ者のようなものである。グラスを重ねるうちにお互い楽器ができることが分かり，それなら一丁やってみようかということでいきなり合奏を始めたのだった。初回の出来としてはまずまずこんなものではなかろうか。この先機会があれば，きっともう少し息のあった演奏をお聴かせできると思う。

ともかく今回われわれがまがりなりにも各自の役割を果たし得たのは，殺伐とした流れ者の集まりに華やぎを与えて下さった有斐閣編集部の伊丹亜紀さんのおかげである。一同心から御礼の言葉を申し述べたい。

2005年8月9日

4名を代表して　交 告 尚 史

# 目　次

## 序幕　環境法への誘い



## 第1幕　環境法のトピックス

## 第3章 大気汚染・温暖化 93



## 第4章 原子力の利用と安全確保 124



## 幕間1 国内法のルール

## 幕間 2 国際法のルール



# 第 2 幕 環境法の基礎知識

## 第 5 章 環境法の基本原則 150

# *Column* & case 目次

★＝*Column* №　☆＝ case №

# 著者紹介

交告尚史(こうけつ ひさし)　1955年生。現在，法政大学大学院法務研究科教授。

**担当：序幕，第1章1・2，第4章序文，幕間1，第5章序文，第6章，第8章はじめに，年表（国内）**

**主要著書・論文**：『処分理由と取消訴訟』（勁草書房・2000），「行政処分の条件と法目的」小早川先生古稀『現代行政法の構造と展開』（有斐閣・2016），「環境倫理学」髙橋＝亘理＝北村編著『環境保全の法と理論』（北海道大学出版会・2014）。

**読者へのメッセージ**：身近にある自然環境に関心をもってください。自然と言われてただぼんやりとした緑の塊しか頭に浮かばないのではつまらない。森の中をほんのちょっと歩くだけで，無限の変化を堪能できるのです。

臼杵知史(うすき ともひと)　1949年生。北海道大学名誉教授・明治学院大学名誉教授。

**担当：第1章3・4，第2章2，第3章3，第4章1，幕間2，第5章2・5，第8章3，Column 6，年表（国際）**

**主要著書**：『現代国際法講義〔第5版〕』（共著・有斐閣・2012），『テキスト国際環境法』（共編著・有信堂・2011），『解説 国際環境条約集』（共編・三省堂・2003），『国際環境事件案内』（共著・信山社・2001）。

**読者へのメッセージ**：日常生活は便利になりましたが，地球の生態系を危うくするという理由で，私たちの自由は少しずつ制限されようとしています。そこで地球環境の問題がどうなっているかを知ることが重要です。

前田陽一(まえだ よういち)　1961年生。現在，立教大学大学院法務研究科教授。

**担当：第3章1・2，第4章5，第5章1・4・6，第8章1**

**主要著書・論文**：『不法行為法〔第3版〕』（弘文堂・2017），「地球温暖化への法政策的対応」大塚＝北村編『環境法学の挑戦』（日本評論社・2002），「民法学からみた『政策と法』」『岩波講座 現代の法(4)』（岩波書店・1998）。

**読者へのメッセージ**：環境法は，公害環境問題に対する先人のいろいろな努力と工夫の上に形作られ，今も発展し続けています。環境法の歩みに思いをはせるとともに，今後の進むべき方向についても考えてみてください。

黒川哲志(くろかわ さとし)　1965年生。現在，早稲田大学社会科学総合学術院教授。

**担当：第2章1，第3章「温暖化対策として期待された原子力」，第4章2～4，第5章3，第7章，第8章2，Column 7・26・32**

**主要著書・論文**：『環境行政の法理と手法』（成文堂・2004），『環境法のフロンティア』（共編著・成文堂・2015），『原子力規制委員会の社会的評価』（共著・早稲田大学出版部・2013）。

**読者へのメッセージ**：自然や環境を守る法システムも，だんだんと整備されてきました。これがうまく機能するかは，市民の制度理解と環境意識に依存しています。

＊Column は各担当章以外の執筆分につき特記。

# 凡　例

## ■ 法律名・条約名の略称一覧表（50音順）

＊本書の本文中における法律名・条約名の略語は，以下によった。なお，（　）内での条文の引用にあたっては，原則として有斐閣『六法全書』巻末の「法令名略語」によった。

| 法律名 | |
|---|---|
| 略称 | 正式名称 |
| 石綿健康被害救済法 | 石綿による健康被害の救済に関する法律 |
| NPO法 | 特定非営利活動促進法 |
| 外為法 | 外国為替及び外国貿易法 |
| 海防法 | 海洋汚染等及び海上災害の防止に関する法律 |
| 外来生物法 | 特定外来生物による生態系等に係る被害の防止に関する法律 |
| 化学物質審査規制法 | 化学物質の審査及び製造等の規制に関する法律 |
| 化学物質排出把握管理促進法（PRTR法） | 特定化学物質の環境への排出量の把握等及び管理の改善の促進に関する法律 |
| 家電リサイクル法 | 特定家庭用機器再商品化法 |
| グリーン購入法 | 国等による環境物品等の調達の推進等に関する法律 |
| 原子力損害賠償仮払い法 | 平成23年原子力事故による被害に係る緊急措置に関する法律 |
| 原子力損害賠償法 | 原子力損害の賠償に関する法律 |
| 原子炉等規制法 | 核原料物質，核燃料物質及び原子炉の規制に関する法律 |
| 建設資材リサイクル法 | 建設工事に係る資材の再資源化等に関する法律 |
| 公害健康被害補償法（公健法） | 公害健康被害の補償等に関する法律（1987年の改正により「公害健康被害補償法」から上記名称に変更） |
| 小型家電リサイクル法 | 使用済小型電子機器等の再資源化の促進に関する法律 |

| 古都保存法 | 古都における歴史的風土の保存に関する特別措置法 |
|---|---|
| 資源有効利用促進法 | 資源の有効な利用の促進に関する法律<br>(2000 年の改正により「再生資源の利用の促進に関する法律」から上記名称に変更) |
| 自動車 NOx 法 (2001 年の改正により, 自動車 NOx·PM 法に改称) | 自動車から排出される窒素酸化物の特定地域における総量の削減等に関する特別措置法 |
| 自動車 NOx・PM 法 | 自動車から排出される窒素酸化物及び粒子状物質の特定地域における総量の削減等に関する特別措置法 |
| 自動車リサイクル法 | 使用済自動車の再資源化等に関する法律 |
| 種の保存法 | 絶滅のおそれのある野生動植物の種の保存に関する法律 |
| 食品リサイクル法 | 食品循環資源の再生利用等の促進に関する法律 |
| 水道水源保全法 | 特定水道利水障害の防止のための水道水源水域の水質の保全に関する特別措置法 |
| スパイクタイヤ粉じん防止法 | スパイクタイヤ粉じんの発生の防止に関する法律 |
| 地域自然資産法 | 地域自然資産区域における自然環境の保全及び持続可能な利用の推進に関する法律 |
| 地球温暖化対策推進法<br>(温暖化対策法) | 地球温暖化対策の推進に関する法律 |
| 鳥獣保護法 | 鳥獣の保護及び管理並びに狩猟の適正化に関する法律 |
| 農業基本法 | 食料・農業・農村基本法 |
| バーゼル法 | 特定有害廃棄物等の輸出入等の規制に関する法律 |
| ばい煙規制法 | ばい煙の排出の規制等に関する法律<br>(1968 年の大気汚染防止法成立により廃止) |
| 廃棄物処理法 | 廃棄物の処理及び清掃に関する法律 |
| PCB 処理特別措置法 | ポリ塩化ビフェニル廃棄物の適正な処理の推進に関する特別措置法 |
| 容器包装リサイクル法 | 容器包装に係る分別収集及び再商品化の促進等に関する法律 |
| リゾート法 | 総合保養地域整備法 |

| 条約名 | |
| --- | --- |
| 本文略称 | 正式名称 |
| 油汚染事故対策協力条約（OPRC 条約） | 油による汚染に係る準備，対応及び協力に関する国際条約 |
| アメリカ・カナダ国境水条約 | アメリカとカナダの間の国境水及び国境沿いで生じる諸問題に関する条約 |
| オーフス条約 | 環境問題に関する情報の取得，決定過程への公衆参加及び司法救済に関する条約 |
| オゾン層保護ウィーン条約 | オゾン層の保護のためのウィーン条約 |
| オゾン層モントリオール議定書 | オゾン層を破壊する物質に関するモントリオール議定書 |
| 核拡散防止条約 | 核兵器の不拡散に関する条約 |
| カルタヘナ議定書 | 生物の多様性に関する条約のバイオセーフティーに関するカルタヘナ議定書 |
| カルタヘナ法 | 遺伝子組換え生物等の使用等の規制による生物多様性の確保に関する条約 |
| 気候変動枠組条約 | 気候変動に関する国際連合枠組条約 |
| 京都議定書 | 気候変動に関する国際連合枠組条約の京都議定書 |
| 漁業及び公海生物資源条約 | 漁業及び公海の生物資源の保存に関する条約 |
| 原子力事故相互援助条約 | 原子力事故又は放射線緊急事態の場合における援助に関する条約 |
| 原子力事故早期通報条約 | 原子力事故の早期通報に関する条約 |
| 原子力損害民事責任ウィーン条約（ウィーン条約） | 原子力損害の民事責任に関するウィーン条約 |
| 国連海洋法条約 | 海洋法に関する国際連合条約 |
| 国連公海漁業実施協定 | ストラドリング魚類資源及び高度回遊性魚類資源の保存及び管理に関する 1982 年 12 月 10 日の海洋法に関する国際連合条約の規定の実施のための協定 |
| ストックホルム条約 | 残留性有機汚染物質に関するストックホルム条約 |
| 生物多様性条約 | 生物の多様性に関する条約 |
| 世界遺産条約 | 世界の文化遺産及び自然遺産の保護に関する条約 |

| | |
|---|---|
| 船舶バラスト水規制管理条約 | 船舶のバラスト水及び沈殿物の規制及び管理のための国際条約 |
| バーゼル条約 | 有害廃棄物の国境を越える移動及びその処分の規制に関するバーゼル条約 |
| パリ条約 | 原子力の分野における第三者責任に関する条約 |
| ベルン条約 | ヨーロッパの野生生物及び自然生息地の保全に関する条約 |
| 放射性廃棄物等安全管理条約 | 使用済燃料管理及び放射性廃棄物管理の安全に関する条約 |
| ボン条約 | 野生動物の移動性の種の保全に関する条約 |
| 水俣条約（水銀条約） | 水銀に関する水俣条約 |
| みなみまぐろ保存条約 | みなみまぐろの保存のための条約 |
| ヨーロッパ人権条約 | 人権及び基本的自由の保護に関するヨーロッパ条約 |
| ラムサール条約 | 特に水鳥の生息地として国際的に重要な湿地に関する条約 |
| ロッテルダム条約 | 国際貿易の対象となる特定の有害な化学物質及び駆除剤についての事前のかつ情報に基づく同意の手続に関するロッテルダム条約 |
| ロンドン海洋投棄条約（ロンドン条約） | 廃棄物その他の物の投棄による海洋汚染の防止に関する条約 |
| ワシントン条約 | 絶滅のおそれのある野生動植物の種の国際取引に関する条約 |

## ▒ 判例の表記について

＊本文中で略記した判例の意味は，以下の通り。

最大判昭 56・12・16　→　最高裁判所昭和 56 年 12 月 16 日大法廷判決

＊判例の出典，事件名については，巻末の判例索引に掲げた（事件名については，本文中に使用されているもののほか，一般的に事件名で呼ばれることのあるものについて明記した)。

## ▒ 判例集・雑誌等の略称一覧

| | |
|---|---|
| 民　録：大審院民事判決録 | 判例自治：判例地方自治 |
| 民　集：最高裁判所民事判例集 | 法　時：法律時報 |
| 刑　集：最高裁判所刑事判例集 | ジュリ：ジュリスト |
| 新　聞：法律新聞 | 論ジュリ：論究ジュリスト |
| 判　時：判例時報 | 法　教：法学教室 |
| 判　タ：判例タイムズ | 国　際：国際法外交雑誌 |

prelude

# 序幕　環境法への誘い

## 1　環境法を学ぶ意義

人間も，ほかの生物と同様，はじめは森の木の実などを食べて自然の摂理に従って暮らしていた。しかし，人間はものを考えることができる。やがて火を使うことを覚え，製鉄の方法を発見して精巧な道具を作れるようになった。その辺りで止まっていれば，これほどまでに環境を悪化させることはなかったかもしれない。だが，人間は果てしない欲望をもった生物でもある。よい生活をしたい，楽に暮らしたいという欲望が絶えず湧いてきて，さっそくその手段を考え出す。現代に至っては，自動車や飛行機を利用し，数々の通信機器やコンピュータを使いこなし，化学物質の恩恵を被ることができるようになった。原子力というエネルギーも手に入れた。

読者が法律学を憲法，民法と順に学んでいくと，法律学の基本的な考え方は実はそうした欲望に根差す人間の振る舞いを支えてくれるものであることがわかるようになる。日本国憲法の下では，個人の自由は大いに尊重され，法律で禁じられていない行為は許されるのである。この自由主義の原理を旗印にして，人々は，工場の煙で大気を汚し，次々と新商品に手を出して廃棄物を増やし，必要以上に食事を用意して食

環境標語①　われわれは歴史の転回点に到達した。

小枝をわたるハキリアリの行列

©Photo by Mitsuhiko Imamori

材を無駄にし，使用済みの化学物質を自然空間に放出して無数の生物の命を脅かしてきた。

では，個人の自由という前提を否定してしまえば，環境破壊のない社会に戻せるのではないか。環境保護の思想は実際そういう方向に向かいやすい一面を持っている。しかし，人々は長い歴史の中でいろいろな経験を積み，その上で個人の自由を大切にする体制を善いものとして受け容れてきた。今後もこの価値観は基本的に維持されるであろう。

こう考えたとき，環境法を学ぶ意義がみえてくる。今日では，個人の自由の尊重を基本としつつ，環境を保護するためのいろいろな仕組みが国の法律や地方公共団体の条例によって作られている。大規模な土地利用に当たってはそれが周辺の環境にどういう影響を与えるかあらかじめ検討するように義務づけたり，すでに役目を終えたような物でもそれをリサイクルに回すよう促したり，実に様々な工夫が凝らされている。まずその具体的な内容を理解することが大切であるが，同時に制度を支える正当化の論理を探るよう心掛けたいものである。

**Column① ハキリアリの生活**

パナマやブラジルにハキリアリという蟻が棲息している。彼らは，森の植物の葉を大顎で切り取り，地下の巣に持ち帰る。巣を形作る一つ一つの部屋には菌園があり，数百万匹にも及ぶ蟻たちが，運ばれてきた葉を材料にして茸を培養している。それが彼らの食糧なのである。収穫が終わると，役目を終えた葉は1か所にまとめて捨てられる。葉の山はやがて養分の豊かな土となり，昆虫や微生物にえさを提供する。一見森の破壊者と映るハキリアリが，実は熱帯雨林のエネルギー循環の担い手になっているのである。彼らの生活は，昆虫が農業を営む実例として驚異であるが，人間からみればずいぶん単調な行為である。彼らはひたすらそれを繰り返して，気の遠くなるような歳月を生き延びてきた。

## 2 所有権への抵抗

所有権は，個人の自由と同様，法律学の最も重要な概念の一つである。環境法を学ぶ際には，特に土地の所有権が問題になる。読者が憲法学や民法学に習熟したときには，所有権の重要性という観念が脳裡(のうり)に刷り込まれているはずである。憲法では，財産権の不可侵とか，財産権は法律によらなければ制限できないとか，あるいは財産権は正当な補償をしなければ収用できないといったこと（憲 29 条）を学ぶ。また，民法では，土地の所有権は法令の制限内で土地の上下に及ぶ（民 207 条）というようなことを教わる。法律学の学習者としては，まずはそうした事柄を着実に理解することが必要である。しかし，環境法を学ぶ上では，他面で所有権の呪縛からの解放を目指す動きがあることに気づいていただかなくてはならない。

環境保護の問題を考えていると，どうしても土地所有権に一歩後退してもらいたいという局面が出てくる。ところが日本の法制度は，環境保護と密接に関わる分野のものであっても，土地所有権の尊重の方に手厚く仕組まれていることが多い。例えば，ゴルフ場建設のために森林の開発許可が求められた場合，行政機関としては，法律に規定されている許可の要件が満たされている以上は許可を与えざるをえない。結局その土地の所有権が尊重されるために，法律に規定されている以上の制限を課すことはできないと考えられているからである。

ゴルフ場の建設が計画されるような場所は，たいてい自然的価値の豊かな森で，昆虫や鳥たちの恰好（かっこう）の棲処（すみか）になっている。人間以外の生物も，人と同じように土地や川といった非生物的空間を利用し，子孫を残して生を全うしている。なぜ，人間は所有権という人間社会の約束事で彼らの生活を奪うことができるのか。数多の生物が暮らす森や草原を，土地の所有権という観念で切り刻み，自分の欲望を充たすために利用しているのが人間であることを自覚するべきであろう。

**Column② 奄美「自然の権利」訴訟が訴えかけたもの**

「当裁判所は，既に検討したとおり，『原告適格』に関するこれまでの立法や判例等の考え方に従い，原告らに原告適格を認めることはできないとの結論に達した。しかしながら，個別の動産，不動産に対する近代的所有権が，それらの総体としての自然そのものまでを支配し得るといえるのかどうか，あるいは自然が人間のために存在するとの考え方をこのまま推し進めてよいのかどうかについては，深刻な環境破壊が進行している現今において，国民の英知を集めて改めて検討すべき重要な課題というべきである。」

（奄美「自然の権利」訴訟第一審判決・鹿児島地判平13・1・22 裁判所 web より）

## 3 時の感覚

環境法を学ぶには，思考の時間枠を大幅に拡大する必要がある。そのことを今日脚光を浴びている環境倫理学のテーマに結びつけて説明しよう。環境倫理学とは，人間にとって何が善い行為であるかを環境との関わりで考察する学問である。その中心課題の一つに，環境の世代間共有性というテーマがある。それは，人間は自分たちの世代のことだけを考えていてよいのか，もっと将来世代のことを考えるべきではないのか，という観点から人間と環境の関わりを捉えることである。私たちは誰でも自分の孫ぐらいまでのことは考えていて，彼らが幸せに暮らせるような世の中であって欲しいと願っている。しかし，孫が成人すると，今度は彼らが自分たちの孫の

環境標語③ 所有権には義務が伴う。その行使は、同時に公共の福祉に資するものでなくてはならない。

ことを心配し始めるであろう。このようにして，この世で一緒に暮らせる者たちの間での愛情が連鎖していく。

現在私たちは物質的にずいぶん豊かな暮らしをしているが，こうした豊かさを自分たちの世代だけで味わい尽くしてしまうことは，将来世代との関係で不公平である。ずっと先の世代の人々も少なくとも私たちと同程度の豊かさを得られるように，私たち自身が配慮すべきであろう。将来世代の人々はまだこの世に存在しないけれども，人類の生存できる環境が存続する限り，必ず生まれてくるのである。

このように考えると，私たちとしては，大切な資源を必要以上に使わない，一度使った物を繰り返して使うようにするという心構えで生活することが望まれる。そうした心構えを求める仕組みとしては，目下のところ，産業活動によって生産された物品のリサイクルが制度化されている。しかし，より根本的には，鉄鉱石，石油，砂利，リン等々の自然資源について，自然界と人間の社会を総合した循環の仕組みを確立することが求められよう。

### *Column*③　リンの循環

「あの煙突にはなぜあんなバルコニーのようなものが周りにくっついているのでしょう？」とレーニナがたずねた。

「燐の再生」とヘンリーがまるで電報みたいに手短かに叫んだ。「煙突の中を上昇するあいだにガスは４種の処置を受けるんだよ。むかしはだれかを火葬にするたびに燐酸が空気中から逃げてしまったのだ。ところが今じゃ98％以上回収できるのだ。大人の死体１個につき１kg半以上の燐がとれる。イギリスからだけで毎年産出される400ｔの燐の大部分がこうして得られるわけだ」ヘンリーは，まるで自分の手柄のようにこの成果を心から喜びながら，得意そうに話した。「われわれが死んで後までも，なおこうして，世の中の役に立てるというのはすばらしいことだ。植物の生長を助けるんだからな」。

（ハックスリー（松村達雄訳）『すばらしい新世界』87頁〔講談社文庫・1974〕）

## 4 空間の広がり

環境問題を考える場合には，空間的にも思考の範囲を拡大しなければならない。日本は島国であるが，森から水が流れて川となり，川の水は海に流れ込み，海は世界の海とつながっている。知床の海岸にはいろいろな国からのゴミが漂着しているという。逆に日本人が捨てたゴミがどこかの国に流れ着いているかもしれない。また，空は空で一体であり，何も遮（さえぎ）るものがない。ドイツのルール工業地帯から出た工場の煙がスウェーデンの森や湖を死滅に追いやる。

国境は自然空間に人間が引いた線である。自然空間の方は連続しているので，環境問題が国境をまたいだ広大な空間で発生しても何の不思議もない。もしそうした国際的な環境問題が発生すれば，当然それに対する改善の取組みも関係諸国の協力において実施されることになる。関係国間で合意された基本的な事項は，条約という形で条文化されるであろう。そうなると，法律学としては国際法の出番である。今日では，酸性雨，地球温暖化，オゾン層の破壊，有害廃棄物の越境，湿地の消失など，国際的な環境問題が多数発生しており，国際法の重要性は益々高まっている。ただし，条約では基本的なことだけが決められていて，具体的な実施方法は関係国の制度に委ねられていることが多いので，条約と国内法をあわせて学習する必要がある。

### Column④ 共有地の悲劇

農夫たちが共有地で牛を放牧しているとしよう。牛の数が少ないうちは何事もないが，農夫がそれぞれ自分の利益を大きくしようと考えて牛の数を増やしていくと，その土地の動物を養う能力には限りがあるので，ついには牧畜全体が立ちゆかなくなってしまう。この状態を共有地の悲劇という。ギャレット・ハーディンが1968年の論文で提示した一つのたとえ話である。ハーディンはこの論文で，資源，環境，人口の問題が深く絡まりあっていることに注目した。資源，環境ともに，人口の増加によって深刻な問題となる。資源の場合は，たとえ話に即していえば，共有地を私有地化して農夫一人ひとりの責任で管理させるというように，所有形態の工夫を検討する余地がある。それに対して環境は，海や空が連続していて人類全体の共有地（グローバルコモンズ）となっているので，これを囲い込むことができない。そこに今日的な環境問題の難しさがある。

## 5 地域の特色に応じた方策

他方，環境法学には，視野を狭めなければならない面もある。自然空間には地域的な特色があるので，全国一律の考え方ではうまく環境を護れない。そこで，環境基本法では，地方公共団体は区域の自然的社会的条件に応じた施策を策定するものと規定している（環基7条）。また法律の中には，特定の事項について地方独自の施策を認めるような制度設計をしているものがある。例えば，大気汚染防止法や水質汚濁防止法では，法令で定められた排出（排水）基準よりも厳しい基準を都道府県の条例で定めてよいとされている。

法律にそのような規定がない場合は，地方公共団体において，条例でどの程度のことまで定められるのかを綿密に検討してみる必要がある。というのは，日本国憲法において条例は「法律の範囲内で」制定できる（憲94条）とされているし，地方自治法でも「法令に違反しない限りにおいて」条例を制定できる（自治14条1項）とされているからである。また，憲法29条2項で財産権の内容は法律で定めるとされていることにも留意しなければならない。

そうした制約はあるものの，今日では，多くの地方公共団体がそれぞれ工夫を凝らして独自の仕組みを作り，環境保護に積極的に取り組むようになっている。読者は，実際の条例を調べて，全国の地方公共団体がどんなところに腐心しているのか検討してみるとよい。

## 6　不確実性への対処

民法，刑法と法律学の学習を進めていくと，法律学では判断の根拠となる事実を明確にすることが大切だということに気づく。刑法では，人に刑罰を科すという重々しい行為が問題になるので，その人が犯した犯罪事実を明確にする必要があることは誰でもすぐに納得がいく。民法でも，例えば不法行為に基づく損害賠償のことを考えてみると，それは結局ある人から別のある人に金銭を移転することであるから，その原因となる事実を明らかにしなければならないことは，やはり当然のこととして理解できる。もちろん犯罪や不法行為の場合でも事実関係が明確にならないことはいくらでもありうるが，基本的に，過去に発生した事実を証拠によって明らかにするというのが，民法や刑法のような伝統的な法律学における法適用のあり方である。

ところが，環境法を勉強していく上では，行政機関がある人に対して特定の行為を命じたり，あるいは特定の行為を禁止したり，さらには開発行為の許可の申請を受けてこれを拒否するというような形での法適用に目を向けなければならない。なぜなら，環境保護の役割のかなりの部分が法律や条例によって行政機関の活動に委ねられているからである。そうした活動のあり方を研究するのは，基本的には行政法学の研究課題である。

行政法学でも，もちろん行政機関による事実関係の十分な調査を要求している。しかし，特に行政機関の活動においては，事実関係が不確実な状況の下で制度を動かしていかなければならないことが多い。そうした不確実性の原因はいろいろ考えられるが，事実認定が将来予測の性質を帯びることと，事実関係が複雑すぎて科学的知識の力を借りてもなお事実関係の全体を把握できないことの2点がやはり重要であろう。

例えば，行政機関が，森林法に基づいて，ある森林の開発を許可するか否かを決定する場合，「周辺の環境に著しい影響を与えるかどうか」を判断しなければならない。周辺の環境への影響というのは，何か過去に発生した事実の評価ではない。ある森林の樹木を伐採したならば周辺の環境にいかなる影響が及ぶかという将来の状況の予測である。将来の状況を予測するためには，樹木の伐採という行為と周辺環境の変化との関係を把握するための原理が必要である。しかし，分野によっては，その種の原理が未だ十分には解明されていないということも容易に想像のつくところである。

けれども，科学的知識が十分でないからといって簡単に開発行為を許していたのでは，後で取り返しのつかない環境破壊が起きてしまうのではないかと危惧される。私たちは，広大な自然を前にすると，わずかな開発なら認めてよいのではないかと考えがちである。しかし，自然は，土や岩や水といった非生物的基盤の上に樹木や草花が根を張り，微生物，昆虫，鳥，哺乳動物等々が生息する空間，すなわち生態系である。その構成要素は複雑に結びついているので，ちょっとした一撃が壊滅的な影響をもたらすことがあり得る。それゆえ私たちは，開発行為に対しては大いに慎重であらねばならない。

そこで学んでほしいのが，「予防原則」（⇒ 156 頁以下）という考え方である。1992 年のいわゆるリオ会議で，深刻な被害あるいは不可逆的な被害のおそれがあるときは，科学的知識が不十分であるからといって，対策を怠っていてはいけないと宣言された。それ以降国際法の世界でさかんに議論されているが，国内法の制度や法解釈のあり方にも導入しようという動きがある。もっとも，一口に予防原則といってもいろいろな要素が含まれているので，各所で語られている事柄を正確に理解することが大切である。

## 7 人の行為の方向づけ

誰か特定の個人かあるいはどこかの企業が有害物質の排出等の環境悪化行為を行ったとしよう。そういう場合は，その個人や企業を罰したり，彼らから損害賠償を取るということが考えられる。刑法や民法という伝統的な法律学の知識を活用することになる。

しかし，現代社会では，私たち全員が毎日環境悪化を招く行為を繰り返して暮らしているというのが実情である。例えば，地球温暖化問題を考えてみると，私たちが自動車を利用したり，工場が通常の生産活動をしたりすることが，積もり積もって地球の温暖化を招いているわけである。そうすると，誰かに刑罰を科したり，誰かから損害賠償を取るといった刑法や民法の手段だけではうまく対処できない。私たち全員の日々の暮らしと，すべての企業の通常の営業活動を，地球温暖化を招かない方向に改めていく必要がある。例えば，徒歩，自転車，自家用車，公共交通といった種々の交通手段を目的と距離によって使い分けるように心掛けるのである。

とはいっても，私たちは，具体的に自分がどうしたら地球温暖化の防止に貢献できるのかということがすぐにはわからない。自分の普段の暮らしが地球規模の環境問題に結びついているわけであるが，そこに大きな距離があるのでなかなか実感が湧かないという事情もある。そういう状況では，刑罰という手段を用意しても実際にはなかなか処罰できない。そこで，金銭的なメリットなどを使って人々の行動を一定方向に誘導することが考えられる。例えば，一定の時間に一定の区域に車を乗り入れた場合は一定額のお金を徴収するというような政策を採るのである。

しかし，そもそも自分の行為が環境破壊につながっているという認識の薄い人が多いのであるから，意識の啓発に努めることがより肝要である。また，大人になってしまうと生活習慣を改めるのは難しいので，子どもに環境教育を行うということがなお一層重要である。

## 環境標語出典一覧

**環境標語①** ☞ 人間環境宣言（1972 年 6 月国連人間環境会議）より

**環境標語②** ☞ 由井正臣＝小松裕編『田中正造文集(2)』（岩波書店・2005）267 頁

**環境標語③** ☞ 石川健治「ドイツ連邦共和国基本法〔ボン基本法〕14 条 2 項」高橋和之編『世界憲法集〔新版第 2 版〕』（岩波書店・2012）178 頁

**環境標語④** ☞「ものごとは 7 代先を考えるんだよ」の意。奄美大島に古くから伝わるおしえ。

**環境標語⑤** ☞ 桑子敏雄『環境の哲学』（講談社・1999）197 頁

**環境標語⑥** ☞ ハンス・ヨナス（加藤尚武監訳）『責任という原理〔新装版〕』（東信堂・2010）56 頁

**環境標語⑦** ☞ ――Anne Bahr Christophersen, På vei mot en grønn rett?, Oslo, 1997, s. 212――

☞ ノルウェーの環境法研究者クリストファーセンの著書『緑の法に向けて』（1997）より（標語は交告訳）

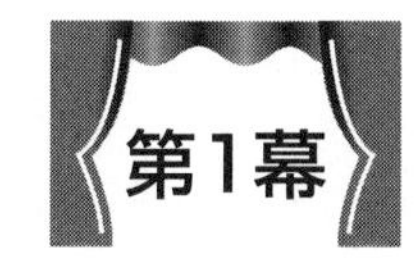


# 環境法のトピックス

▶ Photograph courtesy of UNFCCC（https://www.flickr.com/photos/unfccc/）

写真は，2015年12月にフランスのパリで開催された第21回国連気候変動枠組み条約締約国会議（COP21）でパリ協定が採択された直後の場面である。議長を務めたのはフランスのローラン・ファビウス外相（当時）である。

パリ協定は京都議定書に代わる2020年以降の温室効果ガスの排出削減等を実現するための新しい国際枠組みである。日本を含む175の国・地域が署名し，2016年11月に発効した。COP24（2018年）においてはパリ協定を具体的に実施するための指針が採択された。

# 第1章 自然保護

過去1世紀における人口の急増，経済成長と科学技術の発展によって，人間の生活様式が変化するとともに，自然環境は悪化し，天然資源の浪費や枯渇が問題となり，希少な生物が絶滅の危機にさらされている。

本章では，自然および野生動植物の保護に関する国内法制度を理解し，自然保護に関する新しい問題に目を向ける。さらに，湿地とそこに生息する動植物の保全・保護，および種の保存に関する国際条約が日本の国内でどのように実施されているかについて検討する。

## 1 自然保護

### 1 歴史的概観

**昭和30年代の意味**

日本の自然環境は昭和30年代（1955～1964年）を境に大きく変化したといわれる。その背景には未曾有の**高度経済成長**があった。1956年の経済白書に「もはや戦後ではない」との記述があることはよく知られている。その後も神武景気，岩戸景気と好況が続いた。京阪神地方を中心に工場建設が大いに進み，農村の働き手を呑み込んだ都市は益々肥大化した。他方，政府の経済至上主義の政策が実を結んで，国民の生活水準の底上げが格段に進んだ。1964 年に開催された東京オリンピックは日本の国力増大を象徴する行事である。その成功を支えるために東海道新幹線や首都高速道路が建設されたのであった。行政法学で有名な日光太郎杉事件は，このような事実状況を背景にしている（⇒ 262 頁 CASE 8 の判旨後半部分を参照）。

**自然保護の必要性の認識**

そうした日本社会の変化は，水俣病などの公害事件を引き起こしたばかりでなく，止めどもない緑地の消失をもたらした。そのことに人々は危機感を覚え，1970 年のいわゆる**公害国会**（⇒ 96 頁）では，自然保護もまた政府の取り組むべき課題であることが確認された。1972 年には自然環境保全法が制定され，公害防止分野の公害対策基本法（1967 年制定）と並んで，日本の環境保護法制の主柱となった。1972 年は，ストックホルムで**国連人間環境会議**が開催された年でもある。その際出された人間環境宣言には，すでに**生物圏の生態学的均衡**という概念が現れていた。

**生態系の観念と生物多様性の評価**

それからちょうど 20 年後の 1992 年にリオデジャネイロでいわゆる地球サミットが開催され，生物の多様性に関する条約が締結された（⇒ 56 頁[2]参照）。国内では翌 1993 年に環境基本法が制定されている。この法律により公害対策基本法は廃止されたが，自然環境保全法は総則部分を環境基本法に移した上で残された。

環境基本法では，その基本理念として，生態系が微妙な均衡を保つことによって成り立つとの認識が示されている（環基 3 条）。また，環境保全の施策は，大気，水，土壌等の自然的構成要素を良好な状態に保つことのほかに，生物多様性の確保を目指して行われるべきものとされ，さらに，人と自然の豊かな触れ合いを保つことも要求されている（14条）。

以降，生物多様性保全に関する国の政策は生物多様性国家戦略に基づいて進められてきたが，2008年に至って生物多様性保全の枠組みを示す生物多様性基本法が制定され，関連する施策を総合的かつ計画的に推進するものとされた。ここで生物多様性は，「様々な生態系が存在すること並びに生物の種間及び種内に様々な差異が存在すること」という定義を与えられた（2条1項）。また，同法は，その前文において，生物の多様性を地域における固有の財産として位置づけ，それが地域独自の文化の多様性を支えると記している。

## 2 自然保護区の法制度

**保全生物学と自然保護区の理論**

自然を保護する法的仕組みとしては，まず，ドイツ自然保護法の「侵害規制」のように，自然を侵害する行為一般について，それを最小限に止めることを行為者に義務づけることが考えられる。また，スウェーデンの沿岸保護区域のように，海岸，湖岸，河岸のすべてに保護の網をかけておいて，保護に値しないところを例外的に規制対象から外していくという制度もある。しかし，どこの国でも中心となるのは，特定の区域を指定して，その内部における人間の活動を制限することによって自然を守る仕組みである。

これは，**保全生物学**（ないしは**保全生態学**）という学問で「自然保護区」と呼ばれている手法に相当する。この学問では，自然を保護するためにはどれくらいの面積を確保すればよいのか，またどのような形に自然保護区をデザインすればよいのかということが研究課題となる。個体数の減少した特定の動植物種を保護したいという場合と，その区域の生態系全体を保護したいという場合とでは，自然保護区のデザインが異なるといわれている。

**法制度としての自然保護区**

自然保護区は，もちろん法律や条例に基づいて設置されるものでなければならないわけではない。しかし，特定の法律により特定の区域内で特定の行為を行うことが禁止されているとすると，その結果として自然が守られるので，程度の差こそあれ，その区域が自然保護区の機能を果たす。法制度としての自然保護区は，特定の行為を罰則付きで禁止できるというところに利点があるが，そのような禁止はその土地の利用形態を制約することにもなる。そのため，土地所有者の抵抗に遭いやすく，保全生物学の知見に見合うだけの面積をなかなか確保できないという事情がある。以下，基本となる自然公園法の仕組みを手始めに，自然保護区としての機能に着目しながら，いくつか自然保護の制度をみていくことにしよう。

## 3 自然公園法の制度

**自然公園法の目的と内容**

自然公園法では，国立公園，国定公園および都道府県立自然公園という3種の公園の仕組みが定められている。国立公園は，環境大臣が関係都道府県および**中央環境審議会**の意見を聴いて指定するもので，公園事業は国が行う。それに対して国定公園は，環境大臣が都道府県知事からの申出を受け中央環境審議会の意見を聴いて指定するもので，公園事業を実施するのは都道府県である。都道府県立自然公園は，都道府県が条例の定めるところにより指定する。

自然公園法は，自然環境保全法の1条において，自然環境の保全を目的とする法律として位置づけられている。しかし，元来この法律は，優れた自然の風景地を保護し，国民の保健，休養，教化に役立てることを目的としていた。つまり国民による利用に重きが置かれていたのである。そのためにいわゆる**過剰利用**（over use）の問題が生じるなど，自然保護の目的とは相容れない面もあった。その改善を目指したのが，2002年の法改正である。動植物の保護が風景の保護にとって重要であるとの一文が入り，生態系や生物多様性の確保を重視した施策を講ずることが国等の責務であると規定されたのであった（自園3条2項）。また，特に過剰利用については，利用調整地区（現23条）の仕組みにより，立入りの人数を調整することで対処することとされた。

さらに，2009年の法改正で，1条の目的規定に「生物の多様性の確保に寄与する」という文言が書き加えられたほか，海中公園地区が海域公園地区に改められ，また生態系維持回復事業の仕組みが設けられるなど，生物多様性保全の見地から重要な変更がみられた。

**日本の国立公園の特色**

以下国立公園に絞ってその仕組みの内容と問題点を説明する。日本の国立公園は，国公有地のみならず民有地についても指定することができる。民有地であれば本来土地所有者の好きなように利用してよいはずであるが，それでは国立公園の目的を達成できないので，特定の行為を許可なく行うことができない仕組みにしてある。それに対してアメリカやスウェーデンなどでは，国立公園はすべて国有地である。

また，日本の国立公園は，国民による利用を重視した制度である。それに対してアメリカの国立公園は，地域の生態学的な特質を守りながらレクリエーション利用の可能性を探る制度だといわれている。また，スウェーデンの国立公園は，自然をそのまま残すための制度であり，学術的価値が優先される。

**指定地域と行為規制**

国立公園の区域については，環境大臣が決定する公園計画を基礎として地域指定がなされる。まず**特別地域**（20条）が重要である。特別地域は3種に区分され，規制の強度に濃淡があるが，基本的に，工作物の新築・改築・増築，木竹の伐採，鉱物・土石の採取等を**環境大臣の許可**なく行うことは禁止される。2002年の法改正で，指定物（廃車や廃タイヤなど）の集積と指定動物の捕獲が禁止行為として追加された。2006年に至り，ウミガメ3種，オガサワラトンボほかトンボ類3種およびウスイロヒョウモンモドキほか蝶類3種が指定動物に指定されている。また，2009年の改正により，環境大臣が指定する区域内において当該区域が本来の生育地（動物の場合は生息地）でない植物（または動物）で，当該区域における自然環境の保全に影響を及ぼすおそれがあるものとして環境大臣が指定するものを植栽し，または当該植物の種子をまくこと（動物の場合は，それを放つこと）が禁止された（現20条3項12号・14号）。

特別地域の特に自然的価値の高いところは**特別保護地区**（21条）に指定することができる。特別保護地区内では，特別地域で禁止される行為に加えて，木竹の損傷，木竹の植栽，動物を放つこと（家畜の放牧を含む），火入れ・たき火，木竹以外の植物の採取・損傷，落葉・落枝の採取，木竹以外の植物の植栽・種子まき，動物の捕獲・殺傷および動物の卵の採取・損傷等を許可なく行うことが禁止される。要するに人為的な現状変更を行わないというのが特別保護地区の基本方針である。2002年の法改正で，必要に応じて柔軟な対応ができるように，特別地域・特別保護地区で禁止される行為は政令で定め得ることとされた。

特別地域・特別保護地区では，1990年以降，スノーモービル，オフロード車，モーターボートなどの乗入れを規制できるようになった。これは，植生や野生動植物種の生息・生育環境への被害を防止するための措置である。また，2002年の法改正で，湿原など環境大臣が指定する区域への立入りを禁止できることとされた。

国立公園の区域が海を含むときは，その海面内に**海域公園地区**（22条）を指定することができる。

特別地域・海域公園地区以外の区域は，**普通地域**（33条）である。普通地域での開発行為は**届出制**である。ただし，届け出てもすぐに工事に着手できるわけではなく，行政から当該行為の禁止，制限あるいは必要な措置を命じられることがある。

**風景地保護協定制度と公園管理団体**

2002年の法改正で，風景地保護協定の制度（現43条以下）が設けられた。これは，公園内における自然の風景地を土地や木竹の所有者との協定によって保護する仕組みである。ここでいう風景地は昔から人々が手を入れて利用してきた二次自然であり，その管理には人手を要する。そこで，公益法人や特定非営利活動法人（NPO法人⇒第6章第2節[1]）を公園管理団体（現49条以下⇒227頁）に指定して，管理の担い手として制度に取り込むこととされた。

### [4] 自然環境保全法の制度

**自然環境保全法の目的と内容**

自然環境保全法は，自然公園法など自然環境の保全を目的とする他の法律と相まって，自然環境を保全することが特に必要な区域等の自然環境の適正な保全を図ることを目的としていた（1条）が，2009年の法改正で，「生物の多様性の確保」が目的規定に書き込まれた。もともと自然公園法よりは自然保護に傾斜しているが，毛並みの良い自然が保護対象であり，雑木林のような身近な自然は視野に入れられていない。

自然環境保全法では，原生自然環境保全地域，自然環境保全地域および都道府県自然環境保全地域という３種の保全地域の仕組みが当初から定められている。

**原生自然環境保全地域**

原生自然環境保全地域に指定されるのは，人の活動によって影響を受けることなく原生の状態を維持している一定規模以上の区域である（14条）。区域内には**立入制限地区**（19条）を設けることもできる。要するに，人の来訪を斥けてでも自然をそのままの状態で残そうというのがこの制度の趣旨である。立入りまで制限されることがあるので，指定し得るのは国公有地のみである。すでに自然公園に指定されている区域でも，必要であれば原生自然環境保全地域に指定することができる。原生自然環境保全地域内では，国立公園の特別保護地区におけるのとほぼ同様の行為規制がかかる。

**自然環境保全地域**

自然環境保全地域は，高山性植生など保全対象に着目して指定される（22条）。青森県と秋田県の県境に位置する**白神山地**が広大なブナ林に着目して指定されたことはよく知られている。自然環境保全地域は民有地についても指定可能であるが，実際に民有地で指定されたのは笹ヶ峰（愛媛県と高知県の県境）１か所のみである。

自然環境保全地域については，当該地域の保全計画に基づいて**特別地区**（25条）の指定が行われる。特別地区内では，建築物の新築・改築・増築，土地の形質変更などの行為が禁止されるが，原生自然環境保全地域の場合よりは規制が緩く，木竹の植栽，動物の捕獲・殺傷・卵の採取・損傷，家畜の放牧などは禁止されていない。

特別地区内における特定の野生動植物の保護のために特に必要があると認められるときは，**野生動植物保護地区**（26条）を設けることができる。その区域内では当該区域に係る野生動植物（動物の卵を含む）の捕獲，殺傷，採取および損傷が禁止される。

海面については，**海域特別地区**の設定（27条）が可能である。その区域内では，工作物の新築・改築・増築や海底の形質変更等の行為のほか，熱帯魚，さんご，海そう等の動植物で指定されたものの捕獲，殺傷，採取および損傷等の行為が禁止される。

自然環境保全地域のうち特別地区にも海域特別地区にも含まれない区域は**普通地区**（28条）であり，建築物ないし工作物の新築・改築・増築，土地の形質変更等の行為には届出を要する。

**都道府県自然環境保全地域**

都道府県は，自然環境保全地域に準ずる区域を条例で都道府県自然環境保全地域に指定することができる（45条）。比較的小規模な地域の指定も可能である。

**沖合海底自然環境保全地域**

2019年4月の法改正により，沖合海底自然環境保全地域の制度が新設された（35条の2以下）。愛知ターゲット等の国際目標を念頭におき，深海底における鉱物掘採等の行為を規制することで生物多様性の確保を図ることを目指している。

### 5　地域的取組みの支援

豊かな自然空間で人の訪れる場所をそれにふさわしい状態で維持するには，適正な管理を継続しなければならない。そのための活動として，地方公共団体が税や協力金の形で入山料，入園料等を徴収したり，様々な団体が担い手となってトラスト運動を展開するなどの地域的な取組みが見られた。これを支援するために，2014 年 6 月に「地域自然資産区域における自然環境の保全及び持続可能な利用の推進に関する法律」（「地域自然資産法」と略される）が制定された。本法に基づいて，環境大臣と文部科学大臣が「地域自然資産区域」（自然公園法上の国立公園および国定公園，文化財保護法上の記念物に係る名勝地その他自然環境の保全および持続可能な利用の推進を図るうえで重要な地域）について「基本方針」を定める。その基本方針に従って，都道府県または市町村が「地域計画」を策定する。それに従って，都道府県または市町村が地域自然環境保全等事業ないし自然環境トラスト活動促進事業を実施し，また一般社団法人等が自然環境トラスト活動を行う。地域計画の実施行為については，自然公園法等に基づく許可が不要（あったものとみなす）となる。自然公園等の利用者から徴収する料金は入域料という名称を与えられ，その徴収方法や使途については地域計画に記述することとされている。

### 6　森林保護の制度

**はじめに**　森林は自然の核を成す要素である。その機能をみると，材木生産という経済的機能のほかに，水源の涵養，土砂の流出・崩壊に対する防備，公衆の保健など多くの公益的機能が認められる。

そうした大切な森林を保護するのに，これまで説明した自然公園法や自然環境保全法の制度ももちろん有用であるが，ここでは森林保護のための特別の制度として，保護林と保安林ならびに林地開発許可を取り上げる。

(1) **保 護 林**　保護林は通達に根拠を有する古い制度で，森林美学の思想に根差すものであったが，1970年代以降は**森林の公益的機能**，わけても環境効果が重視されるようになった。その流れで，保護林が**森林生態系保護地域**をはじめとする七つの類型に区分された。森林生態系保護地域では，自然の合理的な利用の観点から，**保存地区**（コアゾーン）と**保全利用地区**（バッファゾーン）の区分という手法が導入されている。

⑵ **保 安 林**　法律上の制度としては，まず森林法の保安林が重要である。保安林の指定（25条）は，森林の公益的機能を十全に発揮させるために行われる。保安林では立木の伐採が制限されるので，その限りで自然保護が図られる。ただし，保安林の指定は公益上の理由により必要が生じたときは解除できることになっている（26条2項）。特に，総合保養地域整備法（リゾート法）において，開発行為の許可等の審査にあたり施設設置の促進を図る方向での配慮が行政庁に求められている（14条）ことが自然保護の観点からは憂慮される。

### *Column*⑤ 魚（うお）つき

保安林の指定目的の一つに魚つきがある（森林25条1項8号）。魚つきとは海岸と森が接しているような場所のことであり，そこには魚が多く集まる。豊かな漁獲が見込まれ，その効用は江戸時代においても認識されていたという。魚つきは森と海との接点にあって豊かな生態系を形成しており，自然保護の観点からも重要である。森と川の接点についても同様のことがいえるわけで，岐阜県下呂市馬瀬地区（合併により2004年3月1日以降下呂市）に渓流魚つき保全林の例がある。ただし，これは森林法に基づく保安林ではなく，渓流魚の生息環境を保全するための一つの地域的工夫（要綱に基づく区域指定）であるが，2011年5月に至ってその一部が森林法の魚つき保安林に指定された。

(3) **林地開発許可**　民有林は，保安林指定の目的と指定対象区域が国有林よりも限定されている。しかし，保安林に指定されていない民有林にも公益的機能は認められる。そこで，都道府県知事が全国森林計画に即して策定する地域森林計画に取り込まれた民有林では，一定の開発行為を行う場合には知事の許可を要するものとされた。これが林地開発許可と呼ばれる仕組みである。

## 7　野生動植物保護の法制度

**はじめに**

以下では，特定の区域ではなく特定の動植物種を保護する法制度をみていくことにする。特定の動植物を保護するためにその生息地・生育地も合わせて保護されることがあるが，そのときはその保護された空間は自然保護区の役割を果たす。

**鳥獣保護法から鳥獣保護管理法へ**

鳥獣保護法には1918年以来の古い歴史があるが，2002年の法改正で「鳥獣の保護及び狩猟の適正化に関する法律」という漢字・ひらがな表記の法律に改まった。元来狩猟法の性格が濃いが，2002年改正で，生物の多様性の確保が法目的に加えられた。鳥類および哺乳類に属するすべての野生生物が本法にいう「鳥獣」である。鳥獣のうちで捕獲してもその生息状況に著しい影響を及ぼすおそれのないものが，「狩猟鳥獣」として環境省令で列挙されている。

法律の内容は鳥獣保護事業の実施と狩猟の適正化に分けられる。前者には，鳥獣の捕獲ないし卵の採取の禁止，猟法の規制のほか**鳥獣保護区**の制度などが含まれる。鳥獣保護区の中に設けられる**特別保護地区**は鳥獣の生息地保護の手段として特に重要である。また，本法には特定鳥獣保護管理計画という仕組みがあり，著しく増加または減少した鳥獣を「特定鳥獣」に指定して，都道府県知事が計画を立てて集中的に管理することとされている。なお，近時，サル，シカ，イノシシなどの生息域が拡大して農林業や自然植生に被害が出ているため，狩猟規制の合理化と植生保全を主眼とする法改正が2006年に行われた。さらに，2014年の改正で法律の題名と目的規定（1条）に鳥獣の「管理」が加えられ，指定管理鳥獣捕獲等事業（14条の2）などいくつかの施策が盛り込まれた。

**文化財保護法の制度**

文化財保護法の定める文化財のうちの記念物が自然保護と関係する。記念物には史跡名勝のほかに**天然記念物**が含まれる。文部科学大臣は，動物や植物を記念物に指定する際，その生息地や自生地などを含めることができる。緊急の必要がある場合のために，都道府県の教育委員会による仮指定の制度が設けられている。また，記念物保存の観点から，地域を定めて行為規制を行う権限が文化庁長官に与えられている。

### *Column*⑥　世界遺産条約

世界遺産とは，世界遺産条約（1972年）に登録された「人類全体の遺産」であり，地域や国を越えて全世界的に重要な価値をもつものである。世界遺産のうち，文化遺産は，神社・仏閣などの記念工作物，建造物群，遺跡であり，自然遺産は，保存上，観賞上，研究上重要な自然景観や生物生息地などである。また，大規模な保存作業が必要で，かつ条約上の援助が要請されている世界遺産を「危険にさらされている遺産」という。各締約国は領域内にある物件・場所を世界遺産の候補として推薦し，条約機関（世界遺産委員会）が国際的な登録基準によって審議し，世界遺産リスト（一覧表）に登録する。締約国はその世界遺産を効果的かつ積極的に保護すべきものとされ，他の締約国の世界遺産については，それを損傷する意図的な措置が禁止される。締約国の分担金からなる世界遺産基金が設立され，各締約国が行う遺産の保護・保全や整備の措置に対して国際的な援助が与えられる。日本は23件の世界遺産を登録し（⇒図表1-1〔次頁。丸数字は登録の順〕），関連の国内法として文化財保護法，自然環境保全法，自然公園法がある。なお，2020年2月に世界自然遺産への登録を見据えて奄美沖縄地域の3国立公園が拡張された。

### 種の保存法

野生動植物種の絶滅は古来より続く現象であるが，近年は絶滅種の数の増加が著しい。絶滅を極力回避して良好な自然環境を保全することは世界的に喫緊の課題となっている。日本でもこの目的のために「絶滅のおそれのある野生動植物の種の保存に関する法律」が1992年に制定された（ワシントン条約との関係について⇒55頁）。その第1条には，野生動植物が生態系の重要な構成要素であるだけでなく，自然環境の重要な一部として人類の豊かな生活に欠かすことのできないものであると記されている。その自然環境の保全に加えて「生物の多様性を確保する」ことが2013年の法改正で第1条の法目的に追加された。

この法律では，**希少野性動植物種**という概念が鍵になる。これはさらに国内希少野性動植物種，国際希少野性動植物種および緊急指定種の三つに区分される。緊急指定種は，特に緊急に保護を図る必要がある場合に，3年以内の期間を定めて指定されるものである（5条1項・3項）。国内希少野性動植物種と緊急指定種の生きている個体の捕獲，採取，殺傷および損傷は禁止される。ただし，学術研究や繁殖等のために国内希少野性動植物種の生きている個体を必要とする場合は，環境大臣の許可を得て捕獲することができる。そのほか希少野生動植物種の個体の譲渡しや輸出入などの行為が禁止される。違法な輸入に対しては，返送命令および代執行という手段が用意されている。なお，2013年の法改正により，違反行為に対

## 図表1－1　日本の世界遺産

[自然遺産]

| 名　称 | 所在地 | 登録年月 |
|---|---|---|
| ①白神山地 | 青森県ほか | 1993年12月 |
| ②屋久島 | 屋久島町 | 1993年12月 |
| ⑬知床 | 斜里町ほか | 2005年 7月 |
| ⑮小笠原諸島 | 小笠原村 | 2011年 6月 |

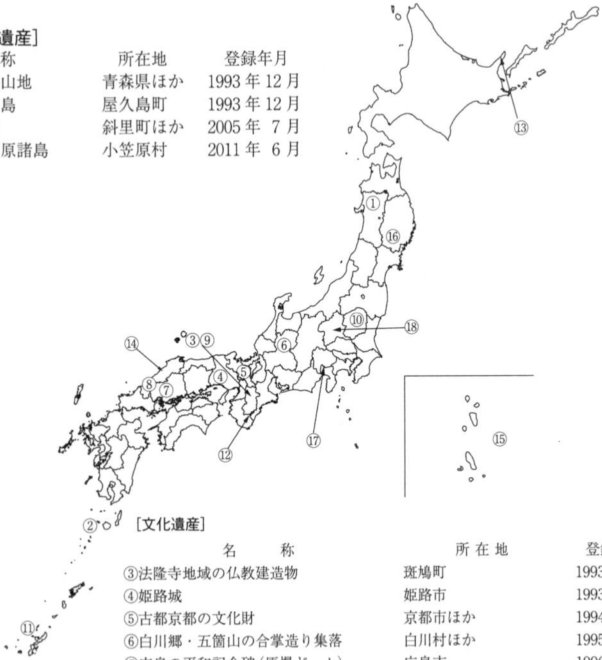

[文化遺産]

| 名　称 | 所在地 | 登録年月 |
|---|---|---|
| ③法隆寺地域の仏教建造物 | 斑鳩町 | 1993年12月 |
| ④姫路城 | 姫路市 | 1993年12月 |
| ⑤古都京都の文化財 | 京都市ほか | 1994年12月 |
| ⑥白川郷・五箇山の合掌造り集落 | 白川村ほか | 1995年12月 |
| ⑦広島の平和記念碑（原爆ドーム） | 広島市 | 1996年12月 |
| ⑧厳島神社 | 宮島町 | 1996年12月 |
| ⑨古都奈良の文化財 | 奈良市 | 1998年12月 |
| ⑩日光の社寺 | 日光市 | 1999年12月 |
| ⑪琉球王国のグスクおよび関連遺産群 | 那覇市ほか | 2000年12月 |
| ⑫紀伊山地の霊場と参詣道 | 熊野市ほか | 2004年 7月 |
| ⑭石見銀山遺跡とその文化的景観 | 島根県大田市 | 2007年 6月 |
| ⑯平泉－仏国土（浄土）を表す建築・庭園及び考古学的遺跡群 | 岩手県平泉町 | 2011年 6月 |
| ⑰富士山－信仰の対象と芸術の源泉 | 静岡県ほか | 2013年 6月 |
| ⑱富岡製糸場と絹産業遺産群 | 群馬県 | 2014年 6月 |
| ⑲明治日本の産業革命遺産 | 福岡県ほか | 2015年 7月 |
| ⑳ル・コルビュジエの建築作品－近代建築運動への顕著な貢献 | 東京都ほか | 2016年 7月 |
| ㉑「神宿る島」宗像・沖ノ島と関連遺産群 | 福岡県 | 2017年 7月 |
| ㉒長崎と天草地方の潜伏キリシタン関連遺産 | 長崎県ほか | 2018年 6月 |
| ㉓百舌鳥・古市古墳群－古代日本の墳墓群 | 大阪府 | 2019年 7月 |

（⑲～㉓は地図上表記略）

する罰則が強化されるとともに，それまでの個体の「陳列」に加えてインターネット等による広告も規制されることになった。

環境大臣は，国内希少野生動植物種の保存のために必要があると認めるときは，生息地等保護区を指定することができる（36条）。**生息地等保護区**のうち，保存のため特に必要のある区域は**管理地区**に指定され，それ以外は**監視地区**である。管理地区にはさらに立入制限地区を設けることもできる。生息地等保護区は2018年3月の段階で，栃木県大田原市のミヤコタナゴ生息地保護区など9か所が指定されている。土地所有者との調整が必要なためになかなか指定できず，指定できても十分な広さを確保することは難しいといわれている。このような生息地保護に加えて，本法は保護増殖事業の仕組みをも用意した（45条以下）。

### 8 非環境保護法への環境保護目的の追加

1900年代末から世紀をまたいで，それまで環境保護法とは考えられていなかったいくつかの法律に環境保護の目的が追加された。例えば，河川法は従来治水と利水を目的とする法律であったが，1997年の改正で「河川環境の整備と保全」という語が目的規定（1条）に加わった。海岸法についても1999年に同様の改正が行われている。また，やはり1999年にそれまでの農業基本法に代えて食料・農業・農村基本法が制定されたが，その際**農業の多面的機能**の一つとして自然環境の保全が書き込まれた。これとの関連で，2001年の土地改良法改正により，土地改良事業の実施にあたっては環境との調和に配慮するものとされた。こうした法改正は自然保護の観点から歓迎される出来事であるが，その狙いを実現するためには事務を担当する行政部局において十分な専門知識を具えることが必要であろう。

### 9 移入種問題

今日の自然保護の重要課題として移入種問題がある。海外起源の生物の繁殖により日本固有の生態系が破壊されつつあり，早急の対策が求められていたところ，2004年6月に「特定外来生物による生態系等に係る被害の防止に関する法律」（外来生物法）が制定された（⇒59頁）。なお，日本の国内に限っても，例えば沖縄以南にしか生息していない昆虫を本州で放せば，その地の固有の生態系が破壊されるおそれはある。

### 10 遺伝子組換え生物の問題

遺伝子を人工的に改変することを遺伝子操作という。この技術を用いて，例えば従来の農作物がもっていない遺伝形質をほかの生物からの遺伝子導入によって付加してやると，遺伝子組換え作物ができる。この作物が作物として安全かどうかという問題のほかに，外来生物の場合と同様，導入された遺伝子が周辺の野生植物に広がった場合に生態系が破壊されてしまうのではないかという危惧がある。導入遺伝子は遺伝子組換え生物の輸出入を通して外国にも広がり得るので，国際的に大きな関心が寄せられていたところ，2000年開催の生物多様性条約特別締約国会議において，いわゆる**カルタヘナ議定書**が採択された。これを受けてわが国も，2003年に「遺伝子組換え生物等の使用等の規制による生物の多様性の確保に関する法律」（**カルタヘナ法**）を制定した。この法律は，遺伝子組換え生物の使用方法の2区分とそれに応じた拡散防止措置，遺伝子組換え生物を輸入する際の生物検査の仕組みなどを定めている（⇒60頁）。

# 2 水環境の保全

## ① 公害事件への対応

戦後のわが国では，復興の旗印の下に各地で工場の建設が進められたが，それは公害の時代の始まりでもあった。水環境について言えば，1958年の浦安漁民騒動が象徴的である。本州製紙江戸川工場の汚水が魚介類を死滅させたため，漁民が工場構内に闖入(ちんにゅう)して抗議行動に及んだ事件である。この事件に反応して，国会はその年のうちに，いわゆる水質二法（「公共用水域の水質の保全に関する法律」と「工場排水等の規制に関する法律」）を成立させた。これはわが国初の公害立法であるが，指定水域制度を採っているところに問題があった。実際には水域指定がなかなか行われず，その間に公害が進行したのである（水俣病関西訴訟・最判平16・10・15参照）。この制度的欠陥は，1970年の公害国会で，水質二法に代わる水質汚濁防止法が公共用水域に適用されるものとされたことにより，ようやく解消した。また，この時，大気汚染防止法の場合と同様に，上乗せ規制や直罰の規定が導入された（大気汚染防止の制度に関する96頁の説明を参照）。

水質汚濁防止法の規制は，事業場の排水口から排出水が排水基準に適合した状態で排出されることを確保しようとするものである。排水基準は，健康項目と生活環境項目に区分される。健康項目は，人の健康の保護の観点から規制される物質群であり，イタイイタイ病のカドミウム，水俣病の水銀などはこれに含まれる。生活環境項目については後述する。

1980年代に入ると，水道水源用の井戸からトリクロロエチレンなどの有機塩素系溶剤が検出されるという事件が発生したことから，地下水汚濁の防止をも水質汚濁防止法の目的に取り込み，有害物質の地下浸透を規制することになった。とはいえ，過去の汚染の浄化に関する仕組みの導入は1996年の法改正を待たなければならなかった。

### 2 人間の生活環境

水質汚濁防止法は，国民の健康の保護のほかに，生活環境の保全をも目的にしている。それで，排水基準にも生活環境項目があり，水素イオン濃度，生物化学的酸素要求量（BOD），化学的酸素要求量（COD），浮遊物質量（SS），大腸菌群数，窒素含有量，リン含有量などが挙がっている。排水基準による規制は排出水に含まれる物質の濃度を規制するのが基本であるが，濃度規制であれば，排出水を希釈すれば排水基準の範囲に収めることができるので，汚濁排出源が多数立地する地域では，これだけでは効果を上げることができない。そこで，水域と地域（集水域）を指定したうえで汚濁負荷量の総量を規制する仕組み（総量規制）が1978年に導入されたが，目下のところ，規制の対象になっているのはCODと窒素またはリンの含有量である。

生活環境としての水質の悪化をもたらすのは，事業場からの排水ばかりではない。われわれの日常生活における排水も原因となり得る。1970年代に琵琶湖の富栄養化が問題になった際は，家庭用洗剤に含まれるリンが原因とされた。栄養塩であるリンの過剰供給が起点となって湖内の環境が変わり，透明度が落ち，アオコが発生するといった現象を富栄養化という。滋賀県は，富栄養化防止条例の制定によってこの事態に対処したが，これが後の湖沼水質保全特別措置法（1984年）につながった。また，海域でありながら閉鎖性の強い瀬戸内海については，1973年の瀬戸内海環境保全臨時措置法を前身とする瀬戸内海環境保全特別措置法（1978年恒久化）も重要である。湖沼水質保全特別措置法や瀬戸内海環境保全特別措置法は水質汚濁防止法の特別法であるが，水質汚濁防止法自体も1990年の改正時に生活排水対策を取り込んだ。都道府県知事が生活排水対策重点地域を指定し，その地域を区域に含む市町村が生活排水対策推進計画を定め，当該市町村の長が生活排水を排出する者に対して指導，助言および勧告をすることとされている。

なお，現在の日本は下水道普及率が高く，2019年3月時点で79.3%である。公共下水道の供用が開始されたならば，その区域内の土地所有者等は，その土地の下水を下水道に流入させるために必要な排水設備を設置しなければならない（下水道10条）。下水道への排水は下水道法の規制を受ける。

### ③ 生態系への関心

富栄養化対策の狙いは，人間の生活環境としての水域の保全である。富栄養化が進むと，異臭がする，水浴ができない，漁獲量が落ちる，水道水にかび臭が付くといった不都合が生じる。これは人間にとっての利益の消失である。しかし，富栄養化の因果関係を探ると気づくように，富栄養化対策は生態系維持の努力でもある。栄養塩の過剰供給により食物連鎖の最下層を成す植物プランクトンが変わると，それを契機にその上位層も置き換わってしまう可能性がある。もっとも，水質浄化が進むと，富栄養化した環境を好む生物（たとえば湖沼に生息するユスリカという昆虫）の個体数が減少するので，それを餌にしている魚の個体数が減少し，結果として漁獲量が落ちるといった因果の流れもあることに注意しなければならない。

有害物質による環境悪化との関係で人間の健康が問題になるとき，人間以外の存在はたいてい霞んでしまう。しかし，人間が有害物質の影響を受けるのなら，同じ物質に晒される動植物も影響を受ける可能性がある。そのことを明確に指摘するのが，熊本水俣病第１次訴訟判決（熊本地判昭 48・３・20）の過失に関する判断の一節である。「……かりに廃水中にこれらの危険物が混入してそのまゝ河川や海中に放流されるときは，動植物や人体に危害を及ぼすことが容易に予想されるところである。」この「動植物」という語は，漁獲物としての水中生物を念頭に置いているのかもしれない。水産基本法の水産資源ないし水産動植物という概念が想起される（ただし，同法２条２項によれば，水産資源は生態系の構成要素でもある）。さらには，動植物の体内に危険物が蓄積され，濃縮された形で人体に摂取されるという食物連鎖が想定されているようでもある。法学的思考としては，このように人間の側に引き付けて論じるのが無難であるが，ともかくも動植物と人間が並列されていることについて思索を深める必要がある。

### ④　水 循 環

水は一所に留まらない。降雨は河川に流れ込み，あるいは地下に浸透して伏流する。河口まで行き着いた水は，海に注いで一体となる。そして海水の一部が蒸発して雲となる。さしあたり河口までその流れを追いかけると，その間に，森林があり，河川があり，田畑があり，工場があり，そして住宅がある。森林には水を蓄える機能があり，河川は水の流れる空間であり，田畑は作物を育てるのに水を使う場所であり，工場は生産過程で水を費消する施設であり，住宅ではわれわれが水を飲んで暮らしている。このように水は地球を包んで循環しており，その過程で自然と人間に様々な形で関わりあっている。そして，それぞれの関わりについて，森林法，河川法，水質汚濁防止法，水道法，工業用水道事業法等々の法律が存在し，様々な仕組みが設けられている。

これらの法律の仕組みは，水が循環するものである以上，相互の連関を意識して，全体として整合的に運用されてしかるべきである。この理念を謳ったのが，2014 年 3 月に成立した水循環基本法である。本法は，その前文において，水が人類共通の財産であることの再認識を促し，健全な水循環の維持ないし回復のための施策を包括的に推進することが不可欠であると宣言した。そして，「政府による水循環基本計画の策定」，「流域における水の貯留・涵養機能の維持および向上，流域連携の推進等の基本的施策」，「内閣総理大臣を長とする水循環政策本部の設置」等に関する規定を置いた。これらの規定により関係諸法律の運用にどのような変化が現れるのか注目される。

### Column⑦ 渡り鳥の保護

日本は，アラスカ・シベリアからオーストラリア・ニュージーランドに及ぶ東アジア・オーストラリア地域フライウェイ（EAAF）における重要地域である。日本は，夏鳥として南半球や熱帯地方から飛来して来る多くのシギ・チドリ類の繁殖地であり，冬鳥としてロシア東部・中国・アラスカ等から飛来するカモ類の越冬地である。渡りのルートや実態には不明なところが少なくないが，山階鳥類研究所や日本野鳥の会などによる調査が行われてきた。発信機をつけて北海道を飛び立って南に向かったオオジシギがノンストップでニューギニア島まで飛んで行ったことが確認されたが，そこで消息を絶っている。夏の北海道を主な繁殖地とするオオジシギは，越冬地のオーストラリアで個体数の減少が確認されているが，その原因として，渡りの中継地のニューギニア島で人に捕食されていることを挙げる者もいる。日本は，アメリカ，ロシア，オーストラリアおよび中国との間に二国間渡り鳥等保護条約・協定を締結しているが，渡りの中継地での保護も重要なので，EAAF パートナーシップの活動に積極的に取り組んでいる。

## 3　湿地の保全

### 1　湿地と動植物の保全——ラムサール条約

動植物の生息地（habitats）や生物種（species）に関する多くの国際条約がある。それら条約は，湿地，森林，植物，土壌，海洋生物資源，鳥類，移動性の種などを保全・再生するものである。そのうちラムサール条約（「特に水鳥の生息地として国際的に重要な湿地に関する条約」）は，湿地およびそこに生息する動植物（水鳥など）を保全する最初の条約である（ラムサール条約 4 条～ 6 条）。

**湿地の範囲**

ラムサール条約にいう湿地には広い場所が含まれる。天然であるか人工であるか，永続的なものであるか一時的なものであるか，淡水，海水であるかを問わない。沼沢地，湿原，泥炭地または水域を意味し，低潮時における水深が 6 m を超えない海域も含まれる。水に関係する場所はすべて含まれる。したがって，河川，運河，湖，干潟，珊瑚礁，氾濫原（はんらんげん），水田なども対象となる。この条約は，特定の種よりも，むしろ生息地の保全に重点を置くものである。

**湿地の機能**

湿地の保全はまた，水鳥を保護するだけでなく，人間にとっても貴重な自然資源である。いうまでもなく，湿地は，水の循環を調整する機能を有し，人類の生存に係わる淡水の浄化と供給にとって不可欠なものである。湿地は，経済的，文化的，科学的，観光上の大きな価値を有するので，湿地の喪失は回復不能な損害をもたらすおそれがある。湿地にとって大きな脅威となるのは，汚染，狩猟，定住，農業排水路，漁業などの人間活動である。

### Column⑧ 干潟の保全

干潟は，遠浅の海岸で潮が引いて現れる場所をいう。干潟には陸や河川に由来する栄養塩類が豊富に存在し，酸素供給量も多いため，藻類やバクテリアが繁殖しやすい。さらに，ゴカイ等の多毛類，貝類，カニ等の甲殻類，その他の底生生物，プランクトンや稚魚，そして，これらを餌にする魚類やシギ・チドリ，サギ等の鳥類など，多様な生物が生息する場所である。干潟はまた，水質を浄化するほか，漁業の場やレクリエーションの場となるなど，人に対しても，多くの恵みを与えている。干潟は，渡り性の鳥類にとっては中継地や渡来生息地でもあり，その重要性は国内にとどまるものではない。

（「中城湾港佐敷干潟埋立計画に関する意見」2004年2月，日本弁護士連合会）

**湿地の登録**

ラムサール条約の締約国は，その領域内にある湿地を少なくとも一つ，国際的に重要な湿地の**登録簿（リスト）**に指定しなければならない（2条4）。この指定は，締約国となるための条件であり，締約国の完全な自由裁量に任されるのではなく，指定に際して関連の要素を考慮しなければならない（2条2・2条6）。

1990年に締約国会議は湿地指定の基準を採択した（1996年，1999年に更新）。二つの基準があり，一つは，代表的で，希少な，またはユニークな湿地に関する基準（Aグループ）である。他の一つは，生物多様性の保全のために国際的に重要とされる場所に関する基準（Bグループ）である。後者の基準は，種と生態系に関する一般的基準および水鳥と魚に関する特定基準を含んでいる。登録簿には，約2300の湿地場所が指定されている。

登録簿への追加およびその変更は，締約国会議で討議される。いかなる締約国も登録簿に湿地を追加することができるが，ひとたび指定されるならば，緊急の「国家的利益」を理由とする場合を別として，リストから廃止または縮小されない。途上国による自然保護区の設置を援助するため，後述するラムサール湿地保全基金が設けられた（条約には80以上の途上国が加入している）。

湿地が登録簿に指定されることによって，湿地のある締約国の主権が侵害されるわけではない（2条3）。その領域内の湿地で何が行われるかは，原則として個々の締約国の主権事項である。したがって，湿地の保護を実現するために，この条約にもとづく勧告以上の国際的措置が必要である。

### Column⑨　ラムサール条約への登録

Q：諫早（いさはや）干潟は，国際的に重要な干潟であるにもかかわらず，ラムサール条約に基づく登録湿地にも，国設鳥獣保護区にも指定されないのは，本件地域が干拓計画地域に指定されていたからか。

A：諫早湾については，従来から干拓計画が進められてきており，関係者の合意を得て国設鳥獣保護区に設定し，ラムサール条約上の登録簿に掲げるべき湿地としての指定を行う状況にはなかった。ラムサール条約は，いかなる湿地を登録簿に掲げるべきかの判断基準を具体的に規定しておらず，結局は各締約国の判断にゆだねられているものと考えられることから，わが国が諫早湾を登録簿に掲げていないことをもって，同条約に反することにはならない。

（「国営諫早湾干拓事業」に関する国会の質問と答弁，1997年6月，衆議院）

## ラムサール条約の義務

⑴ **保　　全**　湿地が登録簿に指定されているかいないかを問わず，締約国は，**自然保護区**を設けて，湿地の保全を促進し，自然保護区を監視しなければならない。締約国はまた，適切な湿地における水鳥の数を増加させるように湿地を管理しなければならない（4条1・4条4）。指定された地域について，締約国は，生態系上の変化を事務局（現在はIUCN〈国際自然保護連合〉）に通報しなければならない（3条2・8条2⒞）。指定された地域の廃止または縮小が認められる場合には，可能な限り湿地の喪失を補って，水鳥の生息地を維持するための新たな自然保護区を設けなければならない（4条2）。

⑵ **賢明な利用（wise use）**　締約国は，その領域内の湿地をできる限り賢明に利用することを促進するため，計画を作成し実施しなければならない（3条1）。この義務は，上記の保全義務と一見矛盾するように考えられるが，「保全」と「賢明な利用」を並記する以上，この条約は《環境保護と経済開発の調和》を目的とするものである。

「賢明な利用」に関する条約上の定義はないが，1987年の締約国会議はその勧告の附属書の中で，**賢明な利用**は「生態系の自然な特性を変化させないような方法で，人間のために湿地を持続可能なように利用すること」であるとした。この場合の「**持続可能な利用**」については，湿地が将来の世代の需要と期待に対応しうる可能性を維持しながら，湿地が現在の世代の人間に対して継続的に最大の利益を生み出すように，湿地を利用することである。なお，**生態系の自然な特性**とは，土壌，水，植物，動物および栄養物のような，物理的，生物学的または化学的な構成要素とそれらの相互関係を意味する（勧告3.3附属書）。

1990年に採択された締約国会議の勧告の附属書は，賢明な利用に関するガイドラインを示すものである。それは，締約国に対して，(a)湿地の基本政策を作り，開発に関する計画と調整を図ること，(b)個々の湿地について管理計画を作成すること，(c)これらの政策や計画に照らして個別の利用行為や事業活動が賢明な利用の範囲内にあるかどうかを判断すること，などを求めている（勧告4.10）。さらに，1993年の締約国会議は，賢明な利用についての追加の指針を採択し，環境に影響を与える開発計画について許認可の制度を採用し，土地利用計画に湿地の保全を導入すること，**環境影響評価**を実施すべきことなどを定めている（指針4.10）。湿地の保全および賢明な利用に関する締約国会議の権限は，勧告にとどまるものである（ラムサール条約6条2(d)）が，締約国は自国の湿地管理責任者がその勧告を考慮するように確保しなければならない（6条3）。したがって，各締約国がその国内政策上，締約国会議の勧告を完全に無視することは事実上難しい。

### *Column*⑩　干潟の「賢明な利用」

Q：国営諫早湾干拓がラムサール条約にいう「適正な利用」（賢明な利用）に当たると考えるか。もし，賢明な利用に当たるならば，その根拠を，開発によって失われる生物資源・環境資源・社会経済資源等と，開発によって得られる新しい環境資源，社会経済資源等を比較検討して明らかにされたい。

A：ラムサール条約は，締約国は，その領域内の湿地をできる限り適正に利用することを促進するため，計画を作成し，実施すると規定しており，政府としては，日本国内の湿地をできる限り適正に利用することを促進するため，環境基本計画等の諸計画を作成し，施策を実施しているところである。国営諫早湾干拓事業は，生産性の高い農地の造成ならびに高潮，洪水および排水不良に対する防災機能の強化を目的として実施しているものであり，この事業により地域にもたらされる効果は極めて大きい。また，着工に先立ち，環境影響評価を実施し，その後も，環境モニタリングを継続しているほか，事業の実施にあたり，環境に配慮した工法を採用するなど，適正な利用の観点にも配慮したものとなっている。

（「国営諫早湾干拓事業」に関する国会答弁，1997年6月，衆議院）

### 湿地保全基金の設立

1975年以降，締約国会議は多くの勧告を採択した。特に途上国と市場経済移行国による条約の実施状況を改善するため，締約国会議は，**ラムサール湿地保全基金**を設けた（1990年）。その後，「湿地保全及び賢明な利用のためのラムサール条約小規模助成基金」と改称された。この基金は，途上国の要請に基づきその湿地の保全を支援するものであり，リストに指定されている場所の管理の改善，新しい湿地の指定，賢明な利用の促進，地域的および奨励的な支援活動のために用いられる。締約国でない途上国も，領域内の湿地をリストに指定するためにこのような支援を要請することができる。この指定は締約国になるための条件である。もっとも，基金制度は存在しても，貧困の克服と経済開発を重視する途上国に，湿地保護の余裕はないというのが現実である。

## 2 日本における湿地保護

日本における湿地の保全や再生，そのための開発抑制を図るための法制度は十分に整備されていない。条約に登録された湿地は，釧路湿原，琵琶湖など52か所にすぎない。自然公園法，鳥獣保護法，自然環境保全法はあるが，いずれも保護区以外の湿地を保全する有効な法的手段とはいえない。

**大規模公共事業と湿地**

1993年以降，長良川河口堰建設や川辺川（熊本県）ダム建設計画，諫早湾（長崎県）や中海（島根県）の干拓事業など，湿地を対象とした大規模公共事業に反対する世論が高まった。1997年には，諫早湾干潟を有明海から遮断する開発行為によってシギやチドリ類の飛来する干潟が消滅したとして，排水門の開放や事業の廃止，そして諫早湾干潟をラムサール条約の湿地として登録するように求める動きがみられた。廃棄物処理場建設のための藤前干潟埋立計画（名古屋市）は中止されたが，類似の問題が残されている。例えば，泡瀬干潟（沖縄県），諫早湾，佐敷干潟（沖縄県），和白干潟（福岡県），吉野川河口（徳島県）などの開発計画である。

### *Column*⑪ ラムサール条約の国内実施

Q：国際社会から，本件干潟（諫早湾）を消滅させることに対する批判が起こっているが，ラムサール条約，生物の多様性に関する条約遵守の観点から，政府の見解を問う。

A：諫早湾は，同条約上の登録簿に掲げられた湿地ではなく，同条約に基づき自然保護区として設定された湿地でもないので，国営諫早湾干拓事業はこの限りにおいては，同条約との関係で問題はないものと考えている。同条約の「適正な利用」との関係については，すでに答弁したとおりである。

生物の多様性に関する条約に関しては，政府としては，国営諫早湾干拓事業につき，着工に先立ち環境影響評価を実施したほか，水質，野鳥および水生生物についての監視を実施しており，同条約との関係でも問題はないものと考える。

（「国営諫早湾干拓事業」に関する国会答弁，1997年6月，衆議院）

### 自然再生推進法

日本は，生物多様性条約への加入（1993年）によって，湿地保全の重要性に触れる「環境基本計画」（1994年，2006年改定），「生物多様性国家戦略」（1996年，2010年閣議決定）および「日本の重要湿地500」（2001年）を策定・公表し，2002年に「自然再生推進法」を制定した。「**自然再生**」とは，過去に損なわれた生態系その他の自然環境を取り戻すために，地域の多様な主体が参加し，河川，湿原，干潟，藻場（もば），里山，里地，森林その他の自然環境を保全・再生し，もしくは創出し，またはその状態を維持管理することをいう（自然再生2条1項）。

政府は，2003年にこの法律に基づき，自然再生に関する総合的施策を推進するための「自然再生基本方針」を決定し（7条），この決定を受けて自然再生推進法が運用されることとなった（⇒**図表1-2**〔次頁〕）。この方針は自然再生事業の進捗状況を踏まえ，5年ごとに見直される。そのため自然環境の専門家による基本方針の見直し案が作成され，意見募集（パブリックコメント）が行われ，第三次生物多様性国家戦略や生物多様性基本法の内容を踏まえて基本方針の一部が変更された（2008年10月閣議決定）。

図表１－２　自然再生推進法に基づく自然再生事業実施の流れ

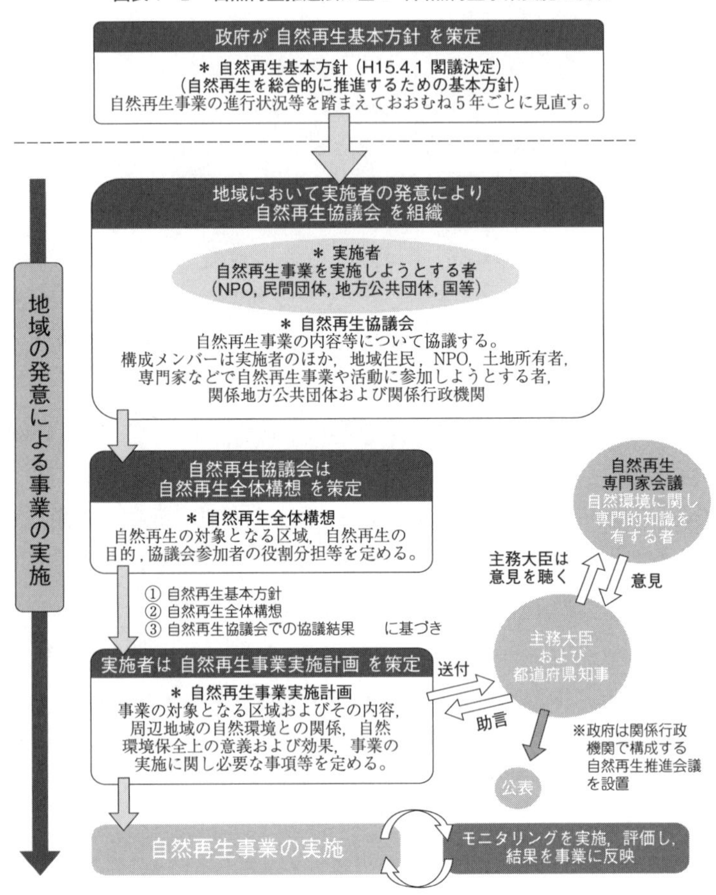


## *Column*⑫　環境条約における「保存」「保全」および「保護」

国際条約では，環境の「保存」「保全」さらに「保護」は明確に区別されない。これらの用語の具体的な意味は，同一条約の関連規定や起草過程に照らして解釈するほかないといえる。学説上，「**保存**」(preservation) は人間が環境または生態系を使用しないこと (non-use) を意味し，「**保全**」(conservation) は人間による，そして人間のための「賢明な利用」(wise use) を意味するという考えがある。

「保全」概念そのものを定義する条約として，1958年の漁業及び公海生物資源条約がある。その「保全」とは「資源の最適な持続的生産を可能とする措置の総体」である (1995年国連公海漁業実施協定5条も定義はないが同様である)。「保存」条約の一例とされる生物多様性条約ですら，完全な保存を目的とするものではない。種の個体群を自然の生息環境で「維持し回復する」ことを求めるが，条約の中心はむしろ生物多様性の「保全」およびその構成要素の「持続可能な利用」を実現することにある。

国際水路の生態系の「保護及び保存」(protect and preserve) の義務を定める1997年の「国際水路の非航行的利用の法に関する条約」(20条) を作成した国連機関 (ILC) の注釈によれば，「保存」は「本来の又は自然のままの状態にある淡水生態系」を可能な限り維持することであるという。これは上記学説の理解に近い考えである。しかし，多くの環境条約で「保護と保存」が明確に区別されているわけではない (国連海洋法条約192条参照)。最近では「保全と管理」(conservation and management) を目的とする多数国間環境条約が散見される。

## 4 種の保存

### 種の絶滅と人間

生物の歴史は，種の多様性をそのまま映し出すものである。数百万の種が存在するときに，それら種の成立の過程で同じ数だけの種の分化が行われている。実在している種は常に進化しているという意味で，これまで地球上に存在した動植物の 99%は分化するか，または絶滅の過程にあるといわれる。

しかし，自然環境に人為的な変化が生じると，種は生存の基盤を失い，急速に絶滅していく。一説によれば，現生種の絶滅は，年間 2万7000種に及び（1日当たり74種），自然の進化による割合と比べて，その速度は約1000倍であるとされる。生物種の絶滅を加速化した主な原因は，多様な人間の活動である。具体的には，人口の増加と科学技術の発展に伴う直接の過剰消費（食糧，衣類，製造加工品，狩猟）と間接的な破壊（伐採，焼き畑農業，ダム，湿地の干ばつ，汚染）などが考えられる。

**野生生物保護の理由**

人類は「宇宙船地球号」の仲間として，野生生物の保護・保存に努めるべきであるという議論がある。その理由は，倫理的な同情や哀れみ，科学的な関心または経済的な利益などである。例えば，「人間を含めた動物の生存を支えているのは基本的には植物であり，植物を食べる動物がいて，その動物を食べる動物がおり，私たち人間は，動物と植物の両方を食べている。したがって，植物がだんだん失われてくると私たちは生きていけなくなる。『**種の多様性**の確保』の第一義的な意義はここにある」といわれる（小沢徳太郎『21世紀も人間は動物である』〔新評論・1996〕）。

このように，人間にとってなんらかの利益をもたらすというのが，野生生物保護の理由である。しかし，環境倫理学の立場から，**人間中心主義的なアプローチ**に対して，次のような疑問が提起されている。「現在の生物学の知見によれば，人間が自然の一部であり，この地球上で他の種と一緒に進化してきた一つの種であるということは事実である。人間は自然全体のなかでは他の生物に対して特権的な位置を占めているわけではない。……種を絶滅させる行為は人間の利害から独立にそれらの種にとって悪いのである。」(加藤尚武編『環境と倫理』第7章〔有斐閣・1998〕)。

**種の保存に関する国際条約**

自然資源の開発から得られる短期の経済的利益を期待する途上国，そして先進国においてすら，野生生物種の保存には大きなコストが伴う。また，絶滅のおそれのある種を保存することが今や国際慣習法上の義務であるという主張もある。しかし，この考えが一般に支持されているかどうかは疑わしい。種の絶滅を防止するための国際社会の努力はいくつかの国際条約を通して行われている。

生物多様性に関する代表的な多数国間条約として，1940年西半球における自然保護及び野生生物保存に関する条約，1968年自然及び天然資源保存に関するアフリカ条約，1979年野生動物の移動性の種の保全に関する条約（ボン条約），1979年ヨーロッパの野生生物及び自然生息地の保全に関する条約（ベルン条約），1985年自然及び天然資源の保全に関するアセアン（東南アジア諸国連合）協定（未発効）がある。これらの国際条約は，絶滅のおそれのある「特定の」動植物の捕獲・採取を防止または禁止することに重点を置くものである。

他方，野生生物の生息地の保護および生物多様性の保存という，より広い範囲の問題に対する関心は希薄であった。生物多様性の保全について最も重要な条約は，《地球上のすべての種および生息地に潜在的に適用できる多数国間の条約》である。このタイプの条約として，絶滅のおそれのある野生動植物の種の国際取引に関する条約（1973年，ワシントン条約）と生物多様性条約（1992年）の二つがある。以下，これらの条約および関連の国内法をとりあげる。

### 1 野生動植物の国際取引――ワシントン条約

ストックホルム人間環境宣言（1972年）によれば，祖先からの遺産である野生生物とその生息地は，多くの有害な要因によって重大な危機にさらされている。人はこれを保護し，賢明に管理する特別な責任を負っている。したがって，野生生物を含む自然の保護は，経済開発の計画作成において重視されなければならない（人間環境宣言第4原則）。これを受けて，野生生物のもつ多様な価値を認め，「特定の種が過度に国際取引の対象にならないように」これらの種を保護するワシントン条約が締結された（ワシントン条約前文参照）。

ワシントン条約は，野生生物の捕獲・採取または生息地の破壊を直接に禁止するものではない。条約の附属書に掲載された動植物およびその製品などについて行われる国際的な商業取引，特にその輸出入を条約所定の手続に従わせようとするものである。次にみるように，三つの附属書に「**絶滅のおそれのある種**」が記載され，実際に規制対象となるのは，(a)生死を問わず，絶滅のおそれのある種（動植物）の個体，および(b)それら個体の部分や派生物であって，容易に識別できるものである（条約はこれらを「種の標本」という）。

**附属書Ⅰ**

附属書Ⅰは，特に絶滅のおそれが高いもので，取引により影響を受ける種を掲載する（約950種）。これらの種については，原則として国際取引が禁止され（ワシントン条約2条1），学術研究などのための輸出入には，輸出入国双方の許可が必要である。すなわち，輸出に際して，一定の条件で（絶滅の危険がなく，輸出国の国内法に違反して入手されたもの

図表１－３　ワシントン条約関係輸出入手続

《Ⅰ．輸入》

1.附属書Ⅰ(輸入割当制(輸入公表第一号の表の第2))　2.附属書ⅡおよびⅢ(通関時確認制(輸入公表第三号の7の第(2)(3))事前確認制の対象外)

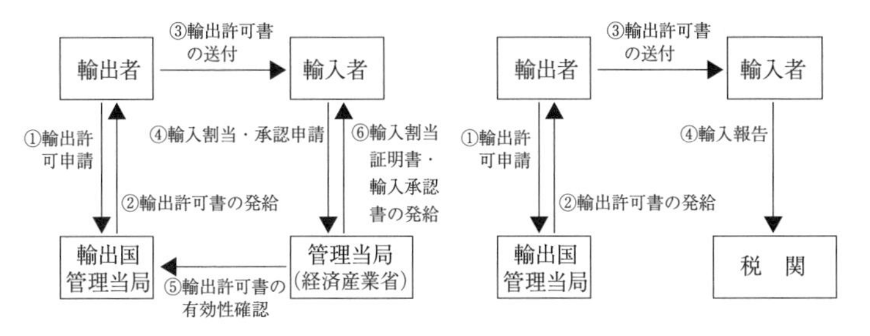


3.附属書ⅡおよびⅢ(事前確認制(輸入公表第三号の16,17)特定の地域等から船積される動植物および生きている動物)　4.附属書ⅡおよびⅢ(非締約国からの輸入(輸入公表第二号の表の第2)原則として承認せず。)

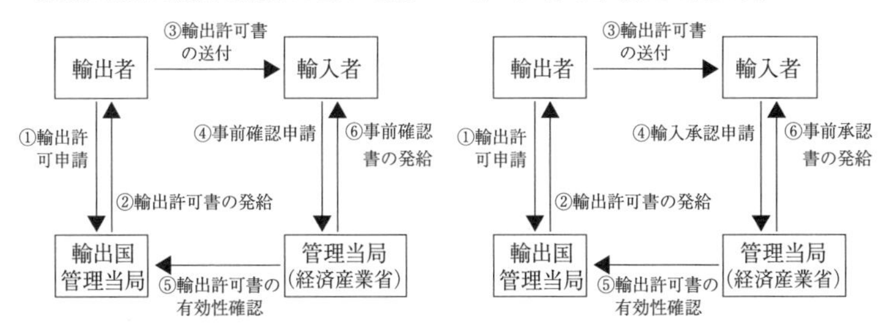


《Ⅱ．輸出》輸出前に輸出貿易管理令２条１項に基づく経済産業大臣の輸出承認，及び条約６条の規定に基づく輸出許可書を経済産業大臣から取得する。

でないことなど）発給される輸出許可書を輸出国から事前に取得し，それを輸出国の当局に提出しなければならない。輸入に際して，上記の輸出許可書および輸入許可書を輸入国の当局に提出しなければならない（３条２・３条３）。

**附属書ⅡおよびⅢ**

附属書Ⅱは，現在は必ずしも絶滅のおそれはないが，取引に厳重な規制がなければ「絶滅のおそれのある種」を掲載する（３万3000種）。附属書Ⅲは，

図表1-4　ワシントン条約で取引が規制されている加工品の例

| | 商業取引が禁止されているもの | 輸出許可書が必要なもの |
|---|---|---|
| 毛皮，敷物 | トラ，ヒョウ | ホッキョクグマ |
| 皮革製品 | ナイルワニ，インドニシキヘビ，ゾウ | ワニ，ヘビ，トカゲ |
| 象牙製品 | アフリカゾウ，アジアゾウ | |
| はく製 | オジロワシ，ウミガメ，ハヤブサ | ワシ，タカ |
| 標本 | アレキサンドラトリバネアゲハ | シャコ貝，石サンゴ |
| アクセサリー | ベッコウ（タイマイ） | クジャクの羽根 |
| 食品 | ウミガメのスープ | キャビア，チョウザメの肉 |
| その他 | 漢方薬（虎骨，サイの角，ジャコウ），ブラジリアンローズウッド | 漢方薬（朝鮮人参），胡弓（ニシキヘビの皮を使った楽器） |

締約国が自国領域内で規制が必要であると認め，かつ取引規制のために他の締約国の協力が必要と認める種を掲載する（約170種）。

このような種については，原則として国際取引が可能である。いずれの種についても，輸出に際して，事前に発給された輸出許可書を事前に輸出国当局に提出しなければならず（4条2・5条2），輸入に際しても，当該輸出許可書を事前に輸入国当局に提出するだけで十分である。輸入に際しての輸入許可書の提出は不要である（4条4・5条3）。なお，附属書Ⅲの種の輸入については，指定国からの輸入と他の締約国からの輸入が区別され，前者については指定国の輸出許可書の提出が要求され，後者については原産地証明書の提出が要求される（5条3）。なお，日本の「外国為替及び外国貿易法」（外為法）では，輸入について事前確認や通関時確認が必要である。

**種の追加・除外**

附属書Ⅲの種については，指定締約国はいつでも特定の種の記載を取り消すことができる（16条3）が，附属書ⅠおよびⅡに掲載の種は，締約国の提案を受けて，締約国会議の票決で改正（追加または除外）される（15条）。その場合，特定の種を禁止すべきかどうかについて，締約国の意見が正面から対立する場合がある。例えば，同じアフリカの諸国でも，アフリカ中東部諸国はゾウの存続のために象牙の国際取引を原則として禁止すべきであると主張したが，他方で，アフリカ南部諸国は，ゾウを有料で狩猟するサファリ観光ツアーを許すことによって，保全基金の獲得を優先させた。このような問題は専門家の科学的意見を参考にして締約国会議で解決される（11条・12条）。

### *Column*⑬ アフリカゾウの輸出入

ケニア，ナイジェリア，ニジェール，コートジボワール，ブルキナファソ，ガボン，リベリア，シリア，トーゴの9か国は2019年1月4日までに，ワシントン条約（CITES）事務局に対し，アフリカゾウの商業輸出入を全面禁止することを求める議案を共同提出した。すでに4か国（ボツワナ，ナミビア，南アフリカ，ジンバブエ）以外のアフリカゾウは「附属書I」に指定されており，上記提案が採択されると世界中のアフリカゾウが「附属書I」指定を受けることになる。1979年には130万頭いたアフリカゾウは，附属書I指定が始まった1989年にはすでに半減し，2016年の報告では約41万頭にまで激減，2006年から2015年の間で約11万1000頭が失われた模様。理由については，象牙の密猟や，現行の違法取引規制の不徹底をあげ，輸出入の全面禁止がアフリカゾウ保護に効果があると主張した。しかし，2019年8月のワシントン条約第18回締約国会議で全個体群の附属書Iへの掲載を求める上記提案は否決された。

（https://sustainablejapan.jp/2019/02/09/ivory-cites/37182；外務省ウェブサイト「地球環境」参照）

**締約国の義務**　締約国は，条約を実施するため，および条約違反の取引を防止するために，違反者を処罰し，条約に違反して取引された動植物（種の個体など）を没収し，またはそれを輸出国に返還するなど，適切な措置をとらなければならない（8条1）。条約の実効性を左右するのは，輸出入許可に関する各締約国の国内法制度である。特に各種の許可書を発給する際の厳格な審査がカギとなる。条約明示の例外規定（7条：手回り品または家財となる種の標本に関する条約の不適用）の解釈，そして締約国の留保（15条・16条・23条）なども問題となる。

**野生生物の国際取引**

野生生物の国際取引は，年間1億米ドルのビッグ・ビジネスである。そのうち20～30%が違法な取引であり，野生生物の存続にとって重大な脅威となっている。1980年代に，アフリカゾウ（1200万頭）の半数以上が象牙を求める人間によって捕獲され，サイの角，トラの骨，クマの胆のう，その他の動物の一部も医薬品や観光用の装身具のために使用された。多くのオウム，サボテン，毛皮動物，そして熱帯魚もペットや家庭装飾品のために絶滅に駆り立てられている。野生生物を大量輸入している日本にとって，ワシントン条約を国内でどのように実施するかは重要な問題である。

### Column⑭ 海外で購入して日本に持ち帰るおみやげ（輸入品）について

ワシントン条約では多くの動植物やその部分ならびに製品等の国際間の移動（輸出入）が制限または禁止される（世界183か国の国・地域が加盟）。ワシントン条約で必要な「CITES輸出許可書」を所持せずにワシントン条約の対象となっている動植物や製品（みやげ品）等を日本に持ち帰り，日本の税関で輸入を差し止めされるケースが多発している。

〈日本の税関で輸入差し止めされた事例〉

＊漢方薬・ぬり薬・酒類；クマの胆のう，トラ，ジャコウシカ，コブラなどの成分を含んだもの
＊はく製・標本；カメ，ワニ，タカ，ワシなどのはく製，チョウの標本
＊革製品；ワニ，ヘビ，トカゲなどの革を使用したハンドバッグ，財布，ヘ

ビ革を使用した胡弓等

＊その他の製品；象牙の印材・彫刻品，べっこう製品，クジャクの羽，サンゴ，ダチョウの卵等

＊生きた動物・鳥類・魚類；カメ，サル，ヘビ，カワウソ，カメレオン，オウム・インコ，サンゴ，アジアアロワナ等

＊植物；サボテン，ラン，トウダイグサ，ヘゴ，ソテツ，アロエ等

（経済産業省ウェブサイト「貿易管理」より抜粋）

**ワシントン条約の国内実施**

ワシントン条約への加入（1980年）によって，日本は1992年，「種の保存法」（正式名「絶滅のおそれのある野生動植物の種の保存に関する法律」）を制定した（⇒29頁）。この法律は，「**希少野生動植物種**」のうち，国内希少野生動植物種について，その生きている個体の捕獲などの行為（採取，殺傷，損傷を含む）および輸出入を原則として禁止する（ワシントン条約14条1・14条2参照）。国際協力に基づく学術研究などを理由とする場合には，外為法による輸出入の承認を受けることを条件に，輸出入が許される。

国際希少野生動植物種は，ワシントン条約の附属書Ⅰや二国間渡り鳥等保護条約によって指定された種である（種の保存法施行令1条2）。その個体などの捕獲・譲渡なども原則として禁止され，その輸出入は，外国為替及び外国貿易法，輸入貿易管理令および関税法によって規制されている。

2017年6月，種の保存法が改正され，ゾウを含めた絶滅のおそれのある野生動植物種を保全するための施策が強化された。①里山を構成する水田やため池，雑木林，採草地や放牧地等（二次的自然）に生息する動植物を積極的に保護するため，その販売・頒布のための捕獲等を禁止する制度が設けられた（「特定第二種国内希少野生動植物種」）。②象牙製品等を取り扱う事業は，届出制から登録制の対

象とされ（特別国際種事業），象牙取引事業者はその所有する全形牙を登録しなければならない。密猟と象牙の違法取引によってその個体数が激減したアフリカゾウについて，日本は，種の保存法によって，違法な象牙の国内取引を防止する管理制度を設けている。なお，環境省は2019年7月，これまで登録を受けた場合に許される「全形を保持した象牙」の譲渡等（種の保存法20条1）について，その登録審査の方法を厳格に運用するとした。

### ② 生きものへのまなざし——生物の多様性に関する条約

#### 生物多様性条約

生物の多様性は，人類の生存を支えるだけでなく，食糧や医薬品の原料などとして多くの利益をもたらす。生物多様性を保全するためには，生態系や自然環境の保全，自然の生息環境における種の個体群の維持や回復が不可欠である（生物多様性条約前文）。生物の多様性には，種の多様性，遺伝子の多様性そして生態系の多様性が含まれる（2条）。それらの多様性が人間活動によって急速に減少しているので，生物多様性の保全，その構成要素の持続可能な利用，そして遺伝資源の利用から生じる利益の公正かつ衡平な配分を実現するため（1条），1992年に生物の多様性に関する条約が締結された。条約は，遺伝資源を含む天然資源に対する各国の主権的権利を確認し，遺伝資源を取得する際には資源提供国の国内法に従い事前の情報に基づく当該国の同意を得ること，遺伝資源の利用から生ずる利益を公正かつ衡平に配分することを定め（3条，15条1・15条5・15条7），先進国に対して，途上国のニーズを考慮した円滑な技術移転，技術移転促進のための資金供与，研究・開発の利益を遺伝資源提供国に公正・衡平に配分するための措置をとることを義務づける（15条・16

条・20条)。また，2000年には，同条約第2回締約国会議（1995年）の決定に基づいて，遺伝子組換え生物の越境移動について，輸出入には関係国間での事前通告による合意を要求するバイオセーフティーに関するカルタヘナ議定書が採択された。

2010年生物多様性条約第10回締約国会議（CBD/COP10）において，遺伝資源の利用（とくに遺伝資源へのアクセス〔＝取得の機会〕と利益配分〈ABS〉）に関する**名古屋議定書**およびポスト2011年以降の目標（2011〜2020年）を定める新戦略計画が採択された（愛知ターゲット)。名古屋議定書は，遺伝資源の利用から生じた利益の公正かつ衡平な配分が生物多様性の保全と持続可能な利用に貢献するとし，条約15条の適用範囲に入る遺伝資源のみならず，遺伝資源に関連する先住民や地域社会の伝統的知識とそれらの利用により生じる利益にも適用される（1条・3条)。生物多様性条約では遺伝資源へのアクセスについて提供国の事前同意が必要とされたが（条約15条5)，議定書では原住民社会や地域社会の伝統的知識へのアクセスについても，事前の情報に基づくそれら社会の同意（または承認および関与）が必要とされる（5条2)。緊急事態への対応，非商業目的の研究のための簡素化された措置は例外とされている（8条)。日本はABSに関する枠組みを実施する国内法を制定していないが，ABSに関する指針を公布し，名古屋議定書に加入した（2017年)。

日本はいくつかの関連国内法（⇒17〜18頁）と生物多様性基本法（2008年）を制定し，2010年に採択された愛知ターゲットをうけて2012年9月には生物多様性国家戦略2012-2020（⇒**図表1－5**〔次頁〕）を閣議決定した。これは，生物多様性の保全と持続可能な利用に関する政府の基本計画である（条約6条，基本法11条)。

図表 1－5　生物多様性国家戦略 2012-2020 の概要

**第 1 部：戦　略**

**【自然共生社会実現のための基本的な考え方】**
「自然のしくみを基礎とする真に豊かな社会をつくる」

**【生物多様性の 4 つの危機】**
**「第 1 の危機」**　開発など人間活動による危機
**「第 2 の危機」**　自然に対する働きかけの縮小による危機
**「第 3 の危機」**　外来種など人間により持ち込まれたものによる危機
**「第 4 の危機」**　地球温暖化や海洋酸性化など地球環境の変化による危機

**【生物多様性に関する 5 つの課題】**
① 生物多様性に関する理解と行動
② 担い手と連携の確保
③ 生態系サービスでつながる「自然共生圏」の認識
④ 人口減少等を踏まえた国土の保全管理
⑤ 科学的知見の充実

**【目　標】**
◆ **長期目標（2050 年）**
生物多様性の維持・回復と持続可能な利用を通じて，わが国の生物多様性の状態を現状以上に豊かなものとするとともに，生態系サービスを将来にわたって享受できる自然共生社会を実現する。
◆ **短期目標（2020 年）**
生物多様性の損失を止めるために，愛知目標の達成に向けたわが国における国別目標の達成を目指し，効果的かつ緊急な行動を実施する。

**【自然共生社会における国土のグランドデザイン】**
100 年先を見通した自然共生社会における国土の目指す方向性やイメージを提示

**【5 つの基本戦略】**･･･2020 年度までの重点施策
1　生物多様性を社会に浸透させる
2　地域における人と自然の関係を見直し，再構築する
3　森・里・川・海のつながりを確保する
4　地球規模の視野を持って行動する
5　科学的基盤を強化し，政策に結びつける

**第 2 部：愛知目標の達成に向けたロードマップ**

■「13 の国別目標」とその達成に向けた「48 の主要行動目標」
■ 国別目標の達成状況を把握するための「81 の指標」

**第 3 部：行動計画**

■ 約 700 の具体的施策　　■ 50 の数値目標

**移入種への対応**　近年，外来生物が日本の自然生態系に与える影響が問題となっている。在来種の稚魚を食べるブラックバス（オオクチバス），トマトの受粉作業のために輸入されたセイヨウマルハナバチ，中国原産チュウゴクモクズガニ（上海ガニ）などが問題となった。これらの移入種は本来の生息域を越えて移動し，在来の希少種を捕食するなど，地域固有の生物相や生態系にとって大きな脅威となる。

**生物多様性条約**によれば，締約国は，可能な限り，生態系，生息地または種を脅かす外来種の導入を防止し，制御し，撲滅しなければならない（生物多様性条約8条(h)）。締約国は《侵入の予防，侵入の初期段階での発見と対応，定着した生物の駆除・管理》の3段階で，必要な措置をとらなければならない。日本は，2004年6月外来生物法を制定し（2013年一部改正），特定外来生物の飼養，栽培，保管，運搬，輸入などを原則として禁止する（4条・7条・9条）。国や地方自治体は，必要に応じて特定外来生物（指定生物）を野外で防除するなどの措置をとる（11条以下）。飼育する場合には国の許可が必要である（5条）。

生態系の破壊を防止する条約として，**船舶バラスト水規制管理条約**（2004年）がある。船舶はバラスト水と呼ばれる海水を取り入れ，他国の港で貨物を積載する際に排出するが，バラスト水に含まれる有害な水生生物等が本来の生息地以外の場所で生態系を破壊し，人の健康に被害を及ぼすことがある。このような危険を防止するため，締約国は自国の船舶について条約が定める技術的基準に従って，バラスト水を交換し，かつ処理しなければならない（4条，附属書D）。また，各船舶は，国際海事機関（IMO）の指針を考慮して締約国が作成するバラスト水管理計画を実施しなければならない（4条，附属書B)。締約国は自国を旗国とする船舶が管理計画等の要件を満たしているかを検査し（7条，附属書E)，その違反を禁止・処罰する（8条)。違反が発見された場合には，旗国または他の寄港国は当該船舶を抑留し，排除する措置をとることができる（9条・10条)。

### 遺伝子組換え生物

遺伝子組換え生物についても，移入種と同様の悪影響が考えられる。その利用による生物多様性に対する影響を国際協力によって防止するため，**カルタヘナ議定書**（2000年）が採択され，「遺伝子組換え生物等の使用等の規制による生物の多様性の確保に関する法律」(2003年，カルタヘナ法）が制定された（⇒32頁)。議定書は，輸出入の手続として，遺伝子組換え生物（LMO）を二つに区分する。①環境への意図的な導入を目的とするLMO（栽培用種子など）について，輸出国は事前の情報に基づくによる合意が必要である（8条。AIA〔Advance Informed Agreement〕の義務)。輸入国は，輸出国または輸出者から提供されるLMO情報を受領した後，危険性を評価し，輸入の可否を決定する（10条)。②食料・飼料として直接利用する（または加工する）ことを目的とするLMO（commodity）については，輸出国はAIAの義務を負わない。その国内規制に従って輸出を決定できるが，関連情報を「バイオセーフティに関する情報交換センター（BCH)」を通じて他の締約国に通報する（11条)。締約国（輸入国）は，他の締約国がBCHに提供する情報に基づいて，自国の国内規制の枠組みに従って輸入を決定できる。カルタヘナ法においては生物多様性への悪影響を防止するための措置が要求され，詳細な手続が規定されている。LMO等の環境への放出を伴う行為については事前の承認が要求され（4条以下)，環境への放出が生じない空間での使用については拡散防止措置をとらなければならない（12条以下)。

2010年カルタヘナ議定書第5回締約国会議において，遺伝子組換え生物等の越境移動による損害が生じる場合の責任に関する規則が採択された。当該損害が発生する場合に，生物多様性を復元する等の対応措置を締約国（管理者）に求める**名古屋・クアラルンプール補足議定書**である。締約国は，損害を引き起こした管理者を特定し，損害を評価し，管理者がとるべき対応措置を決定する（5条2）。管理者とは改変生物を直接または間接に管理する者であり，許可を受けた者，市場取引に付した者，開発者，生産者，輸出入者等が含まれる（2条2(c)）。対応措置は締約国の国内法に従って実施される（5条8）。補足議定書を実施するために日本はカルタヘナ法を改正した（2017年）。

### Column⑮ 「琵琶湖の悲劇」

「鮒寿司が，最近では，価格の高騰によって，滅多（めった）に食べられなくなってしまった。原料であるニゴロブナの漁獲が激減しているためだ。／その最大の原因は，体長50センチに達する外来魚，ブラックバスによる食害である。水質汚染が元凶という見方もあるが……なぜ，北米原産のブラックバスが，琵琶湖に入ったのか。証拠はないが，バス釣りの愛好者が放流した可能性がきわめて高い。……お役所も，ようやく，釣ったバスのリリースを禁止する条例を作った。だが，これに対しても，バス釣りの愛好家から差し止め訴訟が起こされる始末である。釣り人の娯楽のために，貴重な日本の生態系が回復不能のダメージを負いつつあるのだ。／一度環境に侵入・適応してしまった種を根絶することは，まず不可能である。」

（貴志祐介，日本経済新聞2004年8月21日付夕刊より抜粋）

## 参考文献


### 第1節

◎環境問題を考える上で昭和30年代を知ることが大切であるが，基礎知識である経済発展の歴史をわかりやすく教えてくれる書物として

＊日高普『日本経済のトポス』第3章以下（青土社・1987）

＊荒川章二『全集 日本の歴史⑯豊かさへの渇望』第1章・第2章（小学館・2009）

◎昭和30年代のもつ意味をより環境保護の問題に引きつけて考えるための手引として

＊「科学」72巻1号（2002）（特集「検証＝昭和30年代――高度経済成長前の自然と暮らし」）

◎自然保護の法制度を学ぶには保全生態学の基礎知識を身につけておくことが望ましいが，初心者にも推奨できる書物として

＊鷲谷いづみ『生物保全の生態学（新・生態学への招待）』（共立出版・1999）

◎法制度との関わりにも言及のある保全生物学の書物として

＊リチャード・B・プリマック＝小堀洋美『保全生物学のすすめ〔改訂版〕』（文一総合出版・2008）

◎野生生物の保護について自然保護の専門家と法律家がそれぞれ著した論文の集成として

＊日本自然保護協会編『改訂 生態学からみた野生生物の保護と法律』（講談社・2010）

◎砂利採取法や採石法など非環境保護法的な法律をも含めて自然保護の法制度を詳しく解説した教科書として

＊畠山武道『自然保護法講義〔第2版〕』（北海道大学出版会・2004）

◎自然保護の法制度と環境倫理との関係を考えるために

＊山村恒年＝関根孝道編『自然の権利』（信山社・1996）

### 第3節

◎国内法と国際法における自然環境保全の概要と課題について

＊環境法政策学会編『自然は守れるか』（商事法務・2000）

＊環境法政策学会編『生物多様性の保護』（商事法務・2009）

◎ラムサール条約，ワシントン条約の国内実施について

＊磯崎博司『国際環境法』（信山社・2000）

＊遠井朗子「生物多様性保全・自然保護条約の国内実施」論ジュリ7号（2013）48頁

### 第4節

◎生物多様性条約およびカルタヘナ議定書について

＊髙村ゆかり「生物多様性条約」西井正弘＝臼杵知史編著『テキスト国際環境法』

（有信堂・2011）所収

＊「特集 生物多様性のこれから　COP10 を踏まえて」ジュリ 1417 号（2011）

＊遠井朗子「越境環境損害に関する国際的な責任制度の現状と課題――カルタヘナ議定書『責任と救済に関する名古屋－クアラルンプール補足議定書』の評価を中心として」新世代法政策学研究 14 号（2012）

**◎生物多様性保護の思想について**

＊加藤尚武編『環境と倫理〔新版〕』第 7 章（有斐閣・2005）

＊小沢徳太郎『21 世紀も人間は動物である』第 2 章（新評論・1996）

# 第2章 廃棄物・リサイクル

循環型社会を形成してリサイクル等を通じて廃棄物の再資源化を行い，最終処分場に運ばれる廃棄物の量を減らすことと，廃棄物処理の安全性を確保して廃棄物処分場の設置を促進することが重要である。そのために，容器包装リサイクル法や家電リサイクル法などのリサイクル法制が整備され，廃棄物処理法による規制も強化されてきた。バーゼル条約などを通じて，国際的な廃棄物の移動の規制も行われている。

## 1 廃棄物の国内管理

### 1 廃棄物問題の本質と解決の方向性

**廃棄物問題の構造**

廃棄物問題には，二つの視点からの考察が必要である。一つは，資源問題として廃棄物問題を捉えるものである。廃棄物を再資源化して再び利用すれば，その分だけ新たな天然資源の採取と利用が減り，資源の保全につながる。例えば，使用済みの紙を廃棄せずに**リサイクル**して再生紙として利用すれば，その分だけ森林が伐採されずに保全されることになる。地球環境問題として廃棄物問題やリサイクルについて考える視点である。近年ではレアメタルなどの金属資源の回収も産業政策上重要になっている。

もう一つの視点は，廃棄物処理施設の不足の解消に関心を持つものである。産業廃棄物を埋め立てる最終処分場は，全国平均だと2017年から17年で埋まると推計されている。

大量に発生する廃棄物は，リサイクルなど資源の循環的利用を通じて，処分場に運ばれる廃棄物の量を減らすことが求められる。これにより，廃棄物処分場の残存スペースを長持ちさせることが可能となる。そのために，**循環型社会形成推進基本法**を頂点とするリサイクル法制が，着々と整備されてきている。これらにより，2000年から2015年までに最終処分量は約7割削減されている。

廃棄物処分場の設置は，廃棄物処分場設置予定地の周辺住民の強力な反対のため，容易ではない。それゆえ，周辺住民の処分場設置に対する反対を克服することが，廃棄物問題の解決の一環として必要となる。

近年，マイクロプラスチックによる海洋汚染が深刻な問題として認知されるようになってきた。プラスチック製品の確実な回収とともに，使用量の減少が求められている。このような文脈の中で，レジ袋の有料化が義務付けられた。

### *Column*⑯ 環境的正義（environmental justice）

廃棄物処分場のような迷惑施設は，過疎地域など住民の政治力の弱い地域に立地することが多い。アメリカでも，経済的に貧しい人々や人種的マイノリティが住んでいる地域に集中的に設置されており，このような立地の不均衡を**環境的正義**の問題として捉えている。政治的あるいは経済的に力のある地域の住民のNIMBYを許容していけば，本来，公平に分担すべき迷惑施設の受け入れ負担が社会的に弱い立場の人々に不均衡にしわ寄せされ，平等・公正の問題が生じていることを指摘する視座である。

### 周辺住民の反対

周辺住民が廃棄物処分場などの迷惑施設の設置に反対する現象は，「うちの裏庭お断り（Not In My Backyard）」症候群（**NIMBY** シンドローム）の典型例である。しかし，廃棄物処分場の持つ環境汚染リスクを考慮すると，予定地周辺住民の NIMBY を単なる住民エゴとして片付けることはできない。現実の問題として，廃棄物処分場に起因する土壌汚染や地下水汚染が少なからず発生しており，周辺住民が不安を抱くのも当然である。そこで，廃棄物処分場が環境汚染を引き起こさないように規制して，周辺住民の不安を払拭することが必要となる。

廃棄物処分場の設置には，都道府県知事の許可が必要である。事業者による設置許可の申請に際して，周辺住民の同意を得るように，あるいは周辺住民や市町村と公害防止協定を締結するように，知事が申請者に行政指導することが多く行われている。住民の同意が得られなければ，許可を与えないこともあった。これは，周辺住民に処分場設置に関する拒否権を与えるようなものであり，判決はこのような運用を違法とした（参照，釧路産廃処分場不許可事件・札幌高判平 9・10・7）。

さらに，廃棄物処分場の設置の是非をめぐって，**住民投票**が行われることもある。1997 年と 1998 年に，岐阜県御嵩（みたけ）町，宮崎県小林町，岡山県吉永町，宮城県白石市，千葉県海上（うなかみ）町で行われたものでは，設置に反対の投票結果が示されたが，2003 年に高知県日高村で行われたものは賛成多数であった。知事の許可権限の行使に関して法的拘束力はないものの，住民投票で示された設置反対の意思表示は，政治的に無視できない強力なプレッシャーとなる。

### Column⑰ 水源保護条例

**水道水源保護条例**は，「水道にかかわる水質の汚濁を防止して，清浄な水を確保するため，その水源を保護」することを目的に制定され，水源地域内での廃棄物処分場などの設置に際して，事前協議を要求したり，それらの新設を認めなかったりする。通常，市町村には，廃棄物処理施設やゴルフ場の設置に関する規制権限がない。そこで，水道水源保護という目的の下で，水源地域における当該施設の設置をコントロールしようとして，多くの水道水源保護条例が制定されてきた。1994 年に制定された水道水源保全法は施設の設置規制を含まず，また，都道府県知事に規制権限を与えたので，その後も，市町村による水道水源保護条例の制定は広がっている。

（参照，紀伊長島町水道水源保護条例事件⇒ 196 頁 CASE 4）

#### 廃棄物の広域処理

都市部での廃棄物処分場の設置が困難なので，大量の廃棄物が地方の処分場に運ばれて処分されている。そのため，廃棄物を搬出する地域と受け入れる地域との間で，緊張関係が発生している。豊島（てしま）不法投棄事件（⇒次頁Column⑱）や青森岩手県境産業廃棄物不法投棄事件は，県外から持ち込まれた大量の産業廃棄物によって起こされた。このような状況の中で，域外廃棄物に対する不信感が高まった。

1971 年に表面化した東京ゴミ戦争（江東区 vs. 杉並区）の過程で，一般廃棄物については「**自区内処理原則**」が形成されたが，産業廃棄物に関しては，廃棄物処理法は**広域処理**体制を前提としている。しかし，地方自治体の中には，域外廃棄物の流入を管理しようとして，域外廃棄物の搬入に際して届出を義務づけたり，知事との事前協議を義務づけたりするものもある。さらに，最終処分のための域外廃棄物の搬入を条例で禁止するところもある。

地方分権改革の結果，地方自治体が法定外目的税を創設することが可能になったのに伴って，2002年施行の三重県を最初として，**産業廃棄物税**を導入する自治体が相次いでいる。確かに，産廃税を導入した自治体での廃棄物の処分は産廃税分だけ費用が増加するので，廃棄物の搬入を阻害する効果もある。しかし，産廃税は，県外の廃棄物に対して差別的な効果を狙ったものではなく，廃棄物処理施設の設置促進やリサイクル施設の整備に必要な財源を得ることを目的とするものであり，結果として廃棄物の広域的な処理を促進する役割を果たすものと評価できる。これに対して，岩手県条例等の定める環境保全協力金は，県外から搬入される廃棄物についてのみ納入が求められるものであるから，県外廃棄物に差別的である。

### 不法投棄の防止

廃棄物問題解決の障害となっているのは，廃棄物処分場の安全確保のための規制が厳しくなれば，廃棄物処理業者にとって**不法投棄**への誘惑が強まることである。同じことは，リサイクルの義務づけにもあてはまる。というのも，適正な廃棄物の処理・処分やリサイクルには費用がかかるが，不法投棄をするとそれらの費用負担を免れることができるからである。そこで，不法投棄を防止しつつ，適正処理を確保するように工夫された規制の仕組みが必要になる。

#### *Column*⑱ 豊島不法投棄事件

1990年に摘発された香川県豊島(てしま)の不法投棄事件では，10年以上にわたり，60万t以上のシュレッダーダストなどの産業廃棄物が有価物と称して不法に豊島に持ち込まれて処分されてきた。不法投棄された廃棄物からは，鉛，クロム，カドミウム等の重金属やPCB，ダイオキシン類などの有害物質が検出された。豊島住民によって公害調停が申請され，2000年に最終調停が成立した。廃棄物は，隣の直島（なおしま）で焼却・溶融無害化処理が14年近くかけて行われた。この他，青森岩手県境不法投棄事件，岐阜不法投棄事件が，大規模な不法投棄事件としてよく知られているところである。

## ② 廃棄物処理規制の仕組み

**一般廃棄物と産業廃棄物**

廃棄物処理法（正式名称「廃棄物の処理及び清掃に関する法律」）では，廃棄物を「ごみ，粗大ごみ，燃え殻，汚泥，ふん尿，廃油，廃酸，廃アルカリ，動物の死体その他の汚物又は不要物であって，固形状又は液状のもの」とし，廃棄物を事業活動に伴って生じた特定類型の廃棄物である**産業廃棄物**と，それ以外の**一般廃棄物**とに大別している。家庭ゴミは，一般廃棄物である。事業活動に伴って発生する廃棄物であっても，法令で産業廃棄物に指定されていないものは，一般廃棄物である。したがって，オフィスから通常発生する廃棄物は，**事業系一般廃棄物**である。廃棄物の排出量は，し尿以外の一般廃棄物が約4289万t（2017年度）で，産業廃棄物が約3.87億t（2016年度）である。

廃棄物と認定されると，その取扱いに廃棄物処理法の厳しい規制がかかるので，廃棄物とされる範囲を明確にする必要がある。しかし，「不要物」であることが廃棄物であることのメルクマールとされており，これは占有者の意思に依存する主観的な概念であるため，廃棄物か資源かをめぐって紛争が少なからず発生している。循環型社会の形成に対応した新しい廃棄物概念が，必要とされている。

### Column⑲　廃棄物の概念

「おから」は，健康食材として身近な存在である。豆腐製造業者から大量に排出されるおからの多くは，無償で牧畜業者に引き渡され，あるいは有料で廃棄物処理業者に処理が委託されている。また，廃棄物処理法施行令2条4号は，食料品製造業において原料として使用した植物に係る固形状の不要物を産業廃棄物として例示している。おから事件（最決平11・3・10）では，おからは産業廃棄物に該当するとされ，知事の許可を得ないで豆腐業者から収集して飼料や肥料の製造を行うことは，廃棄物処理法違反として有罪となるとされた。リサイクルの促進と不適正処理の防止との間で，「廃棄物」概念が揺らいでいる。ただし，再生利用認定制度，広域認定制度などにより，リサイクルが促進されるよう，処理業や施設の許可を不要とする施策も導入されている。

**排出事業者の自己処理責任原則**

廃棄物処理法に基づき，「事業者は，その事業活動に伴って生じた廃棄物を自らの責任において適正に処理しなければならない」（廃棄物3条1項）責務を負い，「事業者は，その産業廃棄物を自ら処理しなければならない」（11条1項）と法的に義務づけられている。しかし，廃棄物の処理には特別な施設や技術が必要なので，現実には，**排出事業者**自らが廃棄物の処理を行うのではなく，許可を受けた**廃棄物処理業者**に処理を委託するのが通例である。廃棄物処理業者による不法投棄や不適正処理防止の観点から，排出事業者には，適正処理に必要な費用を賄うに足りる処理委託料金の支払いが期待されている。その意味で，排出事業者の自己処理責任は，汚染者負担原則に通じるところがある。また，優良産廃処理業者認定制度も整えられているので，これを参考にして適切な処理を行う業者を選ぶことも求められている。

**廃棄物処理施設**

産業廃棄物処理施設には，焼却施設，中和施設，汚泥の脱水施設，油水分離施設，破砕施設などの**中間処理施設**と，埋立施設などの**最終処分場**がある。産業廃棄物処理施設の設置には，都道府県知事の許可を受けなければならない（15条1項）。許可が与えられるためには，当該産業廃棄物処理施設の設置計画が環境省令で定める技術上の基準に適合し，かつ，周辺地域の生活環境について適正に配慮していることが要求される。生活環境配慮のために，産業廃棄物処理施設の設置申請に際して，**生活環境影響調査**（ミニ環境アセスメント）を行って，その調査結果も提出しなければならない。産業廃棄物処理施設の設置申請書類は，公衆の縦覧に供せられ，市町村長からの意見聴取と利害関係者の意見書提出が規定されている。廃棄物処理施設の設置過程やその環境影響に透明性が与えられ，周辺住民によるチェックが働く仕組みである。

最終処分場には，**安定型**，**管理型**，**遮断型**の三つの類型があり，それぞれ受け入れることのできる廃棄物の種類が定められている。しかし，ガラスや陶器などのように性状が安定した廃棄物しか受け入れることのできない安定型処分場に，焼却灰，汚泥，シュレッダーダストなどの汚染リスクの高いものが違法に搬入され，環境汚染が発生することが少なくない。したがって，廃棄物処分場の操業開始後の適切な管理が，環境汚染防止のためには重要である。廃棄物処理法は，処分場設置者に，知事の定期検査を受けるとともに，埋め立てられた廃棄物の量と種類，あるいは水質検査の結果などを記録して，インターネット等を利用して公表するよう要求している。

廃棄物処分場は埋立てが完了すると，閉鎖される。しかし，閉鎖後も廃棄物はそこに埋まっているのであり，その管理を十全に行うことが必要である。廃棄物処理法は，埋立処分終了後の維持管理を適正に行うために，定められた金額を処分場設置者が環境再生保全機構に**維持管理積立金**として積み立てることを命じている（15条の2の4・8条の5）。また，処分場跡地で土地の掘削等による環境汚染のおそれがある区域は，指定区域として指定区域台帳に登録され，知事の規制を受ける。

**CASE 1　日の出町処分場事件**

東京都日の出町にある谷戸沢廃棄物処分場は，東京都三多摩地域廃棄物広域処分組合が運営した廃棄物処分場である（1998年埋立終了）。1992年に，遮水シートが破損して汚水が漏れ出している可能性があると報道された。これを受けて，周辺住民らは，汚水の実態調査を求め，処分組合に対して汚水などに関するデータの開示を求めたが，汚水データの開示は拒否された。裁判所は，データ開示の仮処分命令を出したが，組合が間接強制金を支払ってデータの開示を拒んだことで，社会的に注目を浴びた（参照，東京高決平7・9・1など）。

**廃棄物の流れをガラス張りに**

廃棄物が適切に処理・処分されることを確保するのに役立つ方法として，廃棄物の移動に宅配便の伝票のような**管理票**（**マニフェスト⇒図表2-1**〔次頁〕）を付随させ，廃棄物の移動と処理のプロセスを透明化するやり方がある。廃棄物処理法12条の3には，産業廃棄物の排出事業者は，廃棄物の運搬あるいは処分を他人に委託する場合には，廃棄物の引渡しと同時に廃棄物の種類，量，処分受託者の氏名などを記載した産業廃棄物管理票を交付しなければならないと定められている。そして，当該廃棄物が最終処分されたときには，管理票を交付した排出事業者にも，適正に処分されたことが

図表 2-1 マニフェストの書式

<table>
<tr><td colspan="9">産　業　廃　棄　物　管　理　票</td></tr>
<tr><td>交付年月日</td><td>平成　年　月　日</td><td>登録番号</td><td></td><td>交付担当者</td><td colspan="4">氏名</td></tr>
<tr><td rowspan="3">事業者</td><td colspan="3">氏名又は名称</td><td rowspan="3">事業場</td><td colspan="4">名称</td></tr>
<tr><td colspan="3">住所 〒</td><td colspan="4">所在地 〒</td></tr>
<tr><td colspan="3">電話番号</td><td colspan="4">電話番号</td></tr>
<tr><td>産業廃棄物</td><td colspan="4">種類</td><td colspan="2">数量</td><td colspan="2">荷姿</td></tr>
<tr><td>中間処理産業廃棄物</td><td colspan="8">管理票交付者（処分委託者）の氏名又は名称及び管理票の交付番号（登録番号）</td></tr>
<tr><td>最終処分の場所</td><td colspan="8">所在地</td></tr>
<tr><td rowspan="3">運搬受託者</td><td colspan="3">氏名又は名称</td><td rowspan="3">運搬先の事業場</td><td colspan="4">名称</td></tr>
<tr><td colspan="3">住所 〒</td><td colspan="4">所在地 〒</td></tr>
<tr><td colspan="3">電話番号</td><td colspan="4">電話番号</td></tr>
<tr><td rowspan="3">処分受託者</td><td colspan="3">氏名又は名称</td><td rowspan="3">積替え又は保管</td><td colspan="4" rowspan="3">所在地 〒<br>電話番号</td></tr>
<tr><td colspan="3">住所 〒</td></tr>
<tr><td colspan="3">電話番号</td></tr>
<tr><td>運搬の受託</td><td colspan="2">（受託者の氏名又は名称）<br>（運搬担当者の氏名）</td><td>受領印 ㊞</td><td>運搬終了年月日</td><td>平成 年 月 日</td><td>有価物拾集量</td><td colspan="2"></td></tr>
<tr><td>処分の受託</td><td colspan="2">（受託者の氏名又は名称）<br>（処分担当者の氏名）</td><td>受領印 ㊞</td><td>処分終了年月日</td><td>平成 年 月 日</td><td>最終処分終了年　月　日</td><td colspan="2">平成　年　月　日</td></tr>
<tr><td>最終処分を行った場所</td><td colspan="8">所在地</td></tr>
</table>

（記載上の注意）
1. 日本工業規格 Z8305 に規定する 8 ポイント以上の大きさの文字及び数字を用いること。
2. 余白には斜線を引くこと。
3.「数量」及び「有価物拾集量」の欄は，重量又は体積を単位とともに記載すること。
4.「荷姿」の欄は，バラ，ドラム缶，ポリ容器等，具体的な荷姿を記載すること。
5. 運搬又は処分を委託した産業廃棄物に石綿含有産業廃棄物，水銀使用製品産業廃棄物又は水銀含有ばいじん等が含まれる場合は，「種類」の欄にその旨を，「数量」の欄にその数量を記載すること。

記載された管理票の写しが送られてくる仕組みになっている。したがって，産業廃棄物の排出事業者は，自らが処理を委託した廃棄物が適正に処理されたことを追跡・確認できる。もし，管理票の写しの送付を受けないときや，不適切な管理票の記載があった場合には，状況把握につとめて適切な措置を講じるとともに，このことを知事に報告しなければならない。また，廃棄物処理業者には，廃棄物について帳簿の記載が義務づけられている。

**排出事業者責任の強化**　マニフェストシステムによって産業廃棄物の排出事業者が処理委託した自らの廃棄物の流れを把握できるようになると，行政の許可を受けた廃棄物処理業者に委託したらその時点で自らの廃棄物に対する責任は完了するという，かつてまかり通っていた論理はもはや通用しなくなる。適正に処理されていないことを知りながら同じ業者に処理を委託することは，廃棄物の不適正処理の一翼を担っていると評価される。特に，適正処理に必要な費用を賄えない安価な委託料で廃棄物処理を業者に委託している場合は，悪質である。

そこで，不適正処理が行われることを知りえた排出事業者や，適切な対価を負担していなかった排出事業者は，不適正処理による環境汚染のおそれが生じた場合に，措置命令により原状回復などが義務づけられることになる（19条の5・19条の6）。マニフェストシステムの整備により，排出事業者責任の追及強化の基盤ができたことが，この仕組みの導入を可能にした。ただし，管理票の隠滅や偽造などが少なからずみられ，不法投棄や不適正処理の温床になっている。この対策として，不正が行われにくく透明性の高い電子マニフェストの導入が推進されている（12条の5）。

### 3　循環型社会の形成

**循環型社会の基本原理**

廃棄物の発生量を抑制して廃棄物処分場へ運ばれる廃棄物の量を減らすためだけでなく，資源を保全して持続可能な発展を実現するためにも，循環型社会の構築が重要な課題となっている。すなわち，大量生産，大量消費，そして大量廃棄が行われてきた非循環型の社会構造の転換が求められている。

循環型社会形成推進基本法2条1項では，**循環型社会**を「製品等が廃棄物等となることが抑制され，並びに製品等が循環資源となった場合においてはこれについて適正に循環的な利用が行われることが促進され，及び循環的な利用が行われない循環資源については適正な処分……が確保され，もって天然資源の消費を抑制し，環境への負荷ができる限り低減される社会」と定義している。すなわち，循環型社会とは，使えるものは長く使用してゴミにせず，また，不要物であっても，まだ使えるものは再利用したり，再利用できないものは原材料に戻して再生利用（リサイクル）したり，あるいは熱源として使用してエネルギー回収（サーマルリサイクル）するなどして，天然資源の新たな使用を抑制しようとする社会である。循環型社会の構築にあたっては，物質の流れの問題として理解することが重要である。

循環型社会の形成において，製品の製造者の果たす役割は重大である。というのも，リサイクルの容易な製品をつくることが，リサイクルを低コストで行うにあたって必要だからである。このような観点から，製造事業者が製品の廃棄やリサイクルの段階まで責任を負うべきであるとする**拡大生産者責任**が提唱されている。

また，地域の特性や循環資源の性質を踏まえた上で，地域で循環可能な資源をなるべく地域で循環させる地域循環圏の形成が重要と考えられるようになってきている。

**Column⑳ 三つのR**

循環型社会における行動として，三つのRが期待されている。ゴミになる可能性のある物品の購入を減らしたり，長く使ったりしてゴミの発生量を減らすこと（reduce），すでに存在している物品を廃棄しないで再使用すること（reuse），そして原料に戻して再生利用すること（recycle）である。そして，推奨される順番も，ここであげた順番である。再生利用は，エネルギーレベルでみると決して効率的でない場合もあり，循環型社会では安易に依存するべきではない。

図表2-2　循環型社会推進のための法体系

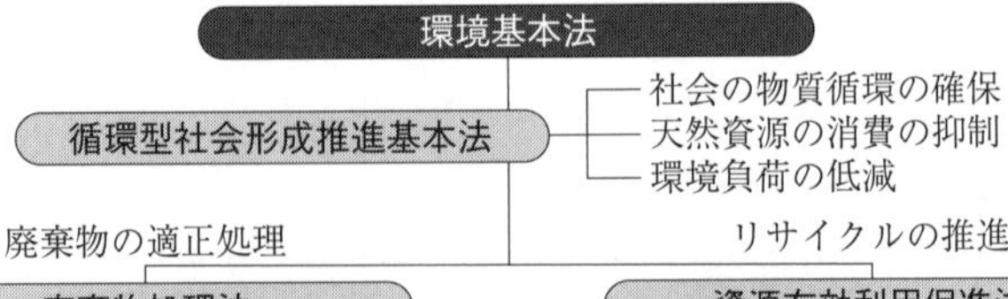


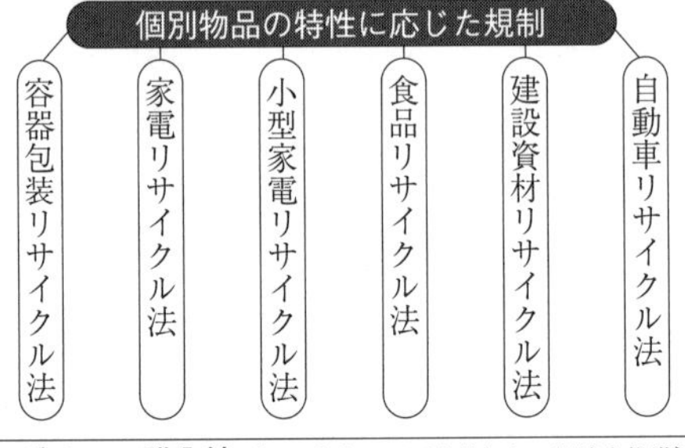


グリーン購入法〔国が率先して再生品などの調達を推進〕

（環境省「第四次循環型社会形成推進基本計画（パンフレット）」を参考に作成）

**循環型社会形成に向けた法制度**

リサイクル関連の法律として，資源有効利用促進法，容器包装リサイクル法，家電リサイクル法，建設資材リサイクル法，食品リサイクル法，自動車リサイクル法，小型家電リサイクル法などが制定されている。例えば，容器包装リサイクル法では，ペットボトルなどの容器包装について，市町村が住民から分別収集し，飲料メーカーなどの容器利用事業者等が回収されたものを引き取って再商品化する仕組みが定められている。家電リサイクル法は，テレビや冷蔵庫などの特定の家庭用電化製品の回収とリサイクルの仕組みを定めるものである。

製品等の回収とリサイクルの仕組みが整っただけでは，循環的な資源利用は成功しない。リサイクルが継続的に行われるには，再商品化されたものが購入されていくことを確保しなければならない。そうでなければ，在庫が溢れ，使用済み製品の回収もできなくなってしまう。再生品は，バージンマテリアルで作られたものより割高な場合も少なくなく，このことがリサイクルの大きな障害となっている。そこで，**グリーン購入法**が制定され，国等に対して再生品等の環境に配慮した物品を購入し，これらの製品に対する需要の創出に努めるよう求めている。エコマーク等によって，環境配慮情報の提供も行われている。

家電や自動車などのリサイクルの仕組みがうまく機能するかしないかに関して，費用負担の仕組みがその成否に大きな影響を与える。例えば，家電リサイクル法ではリサイクル費用は消費者が家電製品の廃棄時に支払う仕組みが採用されたため，この負担を避けようとして，廃家電の不法投棄がかえって増加する現象も見られた。そのため，購入時にリサイクル費用を支払う前払い方式への変更を求める声も強い。

### Column㉑　リサイクル費用は誰が負担すべきか？

製品のリサイクルに関して拡大生産者責任（⇒75頁）が提唱されているが，リサイクル費用の最終的な負担者については，別の考察が必要である。製品のリサイクル費用は製品に係るコストの一部となるものであるから，製品の便益を享受する消費者がそのコストを最終的に負担するのが当然の理である。製造者に第一次的に支払いを求めても，製品のコストとして位置づけられるので，価格に転嫁されるのが筋である。この点を踏まえるならば，リサイクル費用が，製品価格に組み込まれていようとも，購入時に消費者が別途支払おうとも，あるいは廃棄時に消費者が支払おうとも，費用負担という点では同等であるから，いつ誰がどのような形で支払うべきかについては，別の観点から決まってくることになる。

**Column㉒ 都市鉱山**

廃棄物として大量に排出された家電製品等が，金属資源を回収されないままで廃棄物処理施設に眠っている。また，家庭の中に放置されているものも少なくない。「都市鉱山」は，これらの使用済み製品の中に存在する有用な資源の積極的な利用の観点から，都市をこれらの資源が埋蔵されている鉱山と見立てる概念である。日本の都市鉱山の蓄積量は，専門家の試算によると，金16%，銀22%，インジウム61%，スズ11%など，世界の埋蔵量の1割を超える金属も多数ある。2020年東京オリンピックのメダルも都市鉱山から採れた金属が利用されることになっている。都市鉱山という視点で見ると，日本は世界有数の資源国であるといえる。これらの資源を効率的に利用していく技術と法制度の確立が期待されている（⇒88頁「携帯電話のリサイクル」）。小型家電リサイクル法の登場もこの一環である。

# 2 廃棄物の国際管理

## 1 国際規制のタイプ

科学技術と経済活動の発展に伴って，先進国においては廃棄物が増加する一方である。生産，流通，消費の各段階で発生した廃棄物は，収集，中間処理またはリサイクルの対象となる。中間処理された廃棄物は，リサイクルに回されるか，または埋立て，焼却，海洋投棄などによって最終処分される。

あらゆる廃棄物の生成，収集・運搬，処分を包括的に規制する多数国間条約は存在しない。廃棄物に関する国際条約は，主に二つのタイプに分類できる。一つは，締約国の国内で生成される廃棄物が「領域外で処分」される場合に，その処分（リサイクルを含む）を規制する条約である。他の一つは，領域外の処分が行われる前の「国際移動」（輸出入と通過）を規制する条約である。ここでは，領域外処分に関する海洋投棄の条約，および廃棄物の国際移動に関するバーゼル条約をとりあげる。なお，これらの条約とは別に，廃棄物の国内処分を規制する条約（1997 年放射性廃棄物等安全管理条約〔⇨127 頁〕など）もあるが，ここでは触れない。

### 2　海洋投棄される廃棄物

**海洋投棄**は，海の自然の浄化能力と安い経済費用を理由に，かつては廃棄物処分の一般的な方法であった。海洋投棄による海の汚染は海洋汚染全体の約 10％にすぎないが，最近では海洋生態系に与える重大な影響を考えて，国連海洋法条約などによって厳格に規制される方向にある。

#### Column㉓　海洋汚染と日本

海の汚染防止について，日本は「海洋汚染等及び海上災害の防止に関する法律」（海防法）を改正するなど，必要な国内法を整備してきた。その際，関連の条約に加入し，海洋汚染防止の対策を強化した。主な条約として，陸上で発生した廃棄物の船舶等からの海洋投棄を規制する条約（「廃棄物その他の物の投棄による海洋汚染の防止に関する条約」〔1972 年ロンドン海洋投棄条約〕），船舶等からの海洋汚染防止のための包括的な条約（MARPOL73/78 条約），および大規模油流出事件が発生した場合の準備や対応，国際協力を目的とした国際条約（1990

年油汚染事故対策協力条約〔OPRC 条約〕）がある。

**海洋投棄と国連海洋法条約**

国連海洋法条約の締約国は，海洋投棄による汚染を防止・軽減し，規制する国内法を制定し，国内機関の許可を得て海洋投棄が行われるよう確保しなければならない。その国内法は，国際海事機関（IMO）が定める関連の条約規則（一般に承認された国際基準）を下回るものであってはならない（国連海洋法条約 210 条 1 〜 3・210 条 6）。この国際基準を執行する権限は，沿岸国，船舶の旗国などに認められている（216 条）。領海，排他的経済水域および大陸棚への投棄は，沿岸国の事前承認を得なければならない（210 条 5）。

**1996 年ロンドン条約改正議定書**

海洋投棄それ自体を規制する 1996 年のロンドン海洋投棄条約改正議定書は，海洋投棄と**洋上焼却**を一般的に禁止し（1996 年議定書 4 条 1・5 条），かつ予防的アプローチを採用することによって，海洋投棄を厳格に規制している。

(1) **海洋投棄と洋上焼却の禁止**　1996 年議定書によって，締約国は，その能力にしたがって投棄や焼却による汚染を防止・軽減し，実行可能な場合にはそれらを除去するための効果的措置をとらなければならない（2 条）。議定書はまた，投棄が許される八つの廃棄物（浚渫物（しゅんせつぶつ），魚類残さ，海洋人工構築物など）をリストアップし，それ以外の投棄を一般的に禁止している（4 条 1）。このような規制方法は，「逆リスト方式」とよばれる。

(2) **予防的アプローチ**　この議定書は，投棄を広く禁止するとともに，投棄が許される場合であっても**予防的アプローチ**（⇒ 156 頁）を採用する。すなわち，締約国は，投棄から環境を保護するために，海洋環境に持ち込まれる廃棄物が有害となるおそれがある場合には，投入と影響の間の因果関係を証明する決定的な証拠があるかどうかを問わず，予防的アプローチによる適切な防止措置をとらなければならない（3条）。これを受けて，議定書によれば，複数の代替的な処分方法を比較検討することによって，投棄が好ましくないと判明する場合や，廃棄物の性質決定などに関する情報不足によって潜在的な影響を適切に検討できない場合には，海洋投棄は禁止されることになる（4条2）。もっとも関係国の行政的・技術的能力から公海上の違法な投棄をどこまで実効的に監視できるかという難しい問題がある。日本は世界有数の海洋投棄国であり，こうした国際規制に合致する厳しい対応が求められている。

東日本大震災に伴って発生した2011年3月の福島第一原発事故に際して，電力会社は政府の許可を得た上で，法定基準を上回る低濃度放射性排水を海洋に放出した（同年4月）。このような排水の放出はロンドン条約改正議定書が規制する「投棄」（dumping）に該当する行為ではない（同議定書1条4）。他方，その放出について，日本は国連海洋法条約により海洋環境を保護・保全し，あらゆる発生源からの海洋汚染を防止するための措置をとる義務を負っている（国連海洋法条約192条・194条）。ただし，この義務の履行に際して，国家は，利用できる実行可能な最善の手段を用い，かつその能力に応じた防止措置をとることが認められているので（194条1），いかなる措置を講じるかは日本の選択に任されている。陸上起因の海洋汚染についても国際的な規則・基準を考慮することになっているが，措置の選択については国家の裁量に任される（207条1・同条2）。

### Column㉔ 船舶からの廃棄物の排出規制

「海洋汚染等及び海上災害の防止に関する法律」は，船舶からの廃棄物の排出を規制・禁止する。いかなる人も海域において船舶から廃棄物を排出してはならない。ただし，次のような廃棄物の排出は許される。①船舶の安全を確保し，または人命を救助するための廃棄物の排出，②船舶の損傷その他やむを得ない原因により廃棄物が排出された場合に，排出防止のための可能な一切の措置をとったときの廃棄物の排出，③船員その他の者の日常生活に伴い生ずるごみ，④その他政令で海洋処分することがやむを得ない廃棄物，などである（海防 10 条）。

**海防法**　環境省は，1996 年議定書が発効するという見通しの下に，早急に国内体制を整備する必要から「海洋汚染等及び海上災害の防止に関する法律」（海防法）を改正した（2004 年）。その骨子は，同議定書（2006 年発効，日本は 2007 年加入）に対応するように，特定の廃棄物（附属書 I）を除く投棄の禁止，陸上に起因する廃棄物の海洋投入処分に係る許可制度の導入，および廃棄物の洋上焼却の禁止の 3 点である。

## 3　国境を越える有害廃棄物——バーゼル条約

有害廃棄物の越境移動はヨーロッパ諸国間で，あるいは北米大陸内で行われていた。1976 年にイタリアの化学工場の爆発から生じたダイオキシン汚染土のドラム缶が行方不明となるセベソ事件（1982 年フランスで発見）が発生した。これを契機に，先進産業国は廃棄物の国際移動に対する法的規制が必要であると認識することになった。さらに 1986 年以降，産業先進国から，環境管理や社会構造が不備である途上国向けの廃棄物の輸出が顕在化し，輸入途上国の環境汚染も国際的な問題となった。こうして，1989年にバーゼル条約が採択された。

バーゼル条約は，規制の対象となる廃棄物を特定している。それらは，廃棄物の性質，発生過程および含有成分によって有害とされる廃棄物，その他の廃棄物で各国が有害と考える廃棄物，家庭ゴミとその焼却残さ，である。これらの廃棄物について，「越境移動の減少」および「越境移動それ自体の規制」の2点が条約の目的である。それを達成する手段として，締約国は，廃棄物の国内管理と国際管理の両面に関する，次のような義務を負う。

**国内管理と国際管理**

国内管理について，締約国は自国内で生成される廃棄物を最少化し，かつ国内で適切に処分する一般的な義務を負う。減量化と国内処分を通して越境移動を減らすという考えである。他方，国際管理について，締約国は，他国または自国が「環境上適正な方法で処理」できない場合には，他国への輸出または他国からの輸入を認めてはならない（バーゼル条約4条2）。特に輸出入を許可できるのは，①輸出国に技術能力がなく，環境上健全で実効的な処分能力もなく，適切な処理施設がない場合，または②輸入国のリサイクル産業に必要な原材料として廃棄物を輸出する場合のいずれかに限られている。もっとも，**環境上適正な処理**（処分）の基準は，条約上必ずしも明確でない。

**輸出入の規制**

バーゼル条約は，**廃棄物の越境移動**について，二つの義務を定めている。それらは締約国の間で廃棄物の輸出入や通過を規制する条約の中心部分である。一つは，《輸入禁止国への輸出禁止の義務》である。締約国は，他の締約国が条約所定の廃棄物またはその他の廃棄物を国内法で輸入禁止する場合には，他の締約国にそれを輸出してはならない（4条

1(b))。他の一つは，《**事前の通報と同意の義務**》である（⇒**図表2-3**〔次頁〕）。輸入国による輸入禁止がない場合でも，輸出国は輸入国（通過国を含む）に条約所定の関連情報を通報し，輸入（通過）予定国から文書による同意を得た上で輸出しなければならない（4条1(c))。1995年の改正（2019年12月発効）で，締約国会議は先進国から開発途上国への輸出を原則として禁止した（⇒87頁以下）。

締約国は有害廃棄物を非締約国に輸出できない。また，非締約国から輸入することもできない（4条5）。これは，非締約国に対して条約への加入を促進するためである。また，非締約国経由の締約国間貿易を封じるためでもある。これによって，条約目的の実効性が確保できると考えられた。なお，非締約国を通過する締約国間の貿易は明文上禁止されていない。

**不法取引と回収義務**

締約国は，条約に違反する不法取引を犯罪とし，それを防止し処罰するための適切な国内法を制定・整備しなければならない。不法取引には，通告または同意のない移動，偽造・虚偽表示・詐欺による移動などが含まれる（9条1・9条5）。

有害廃棄物は，次の場合に関係国（者）によって回収されなければならない。一つは，輸入国の同意に基づく輸出入が契約どおりに完了せずに，一定期間内に適正な代替処分の措置がとられない場合であり，輸出国（者）は廃棄物を回収する義務を負う（8条）。もう一つは，通報または同意なしに輸出が行われて，不法取引が発生した場合であり，不法取引の原因者が適正に処分する義務を負う（回収を含む)。原因者が不明なときには，関係国の協力による適正な処分が求められる（9条2～4）。

**図表 2 - 3　バーゼル条約に基づく手続**

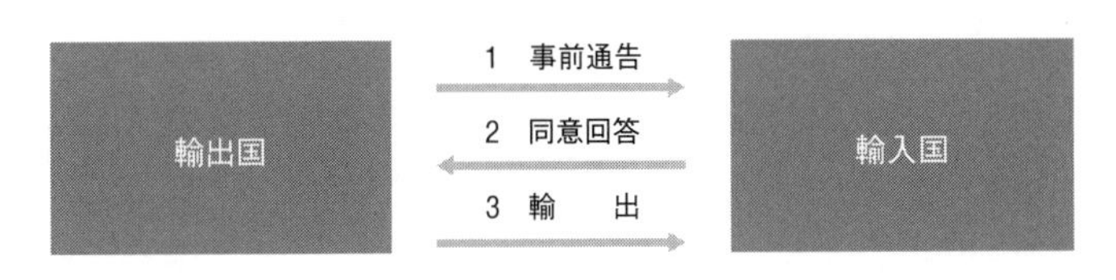


| 有害廃棄物の輸出入を規制 | 対象物質 |
|---|---|
| ・国内処分の原則<br>・輸出入に際しての事前通報・同意の義務<br>・不法取引の場合の輸出国の再輸入等の義務 | ・附属書1のうち，附属書3の特性を有するもの<br>・附属書2に掲載されているもの |

| 附属書1（廃棄の経路・含有成分） | 附属書2（特別の考慮を必要とする廃棄物） | 附属書3（有害性等） |
|---|---|---|
| ○経路（18経路）<br>・医療行為から生ずる廃棄物<br>・有機溶剤の製造に伴う廃棄物等<br>○含有成分（27種類）<br>・ヒ素，鉛等 | ○家庭から収集される廃棄物<br>○家庭の廃棄物の焼却から生ずる残滓 | ○爆発性<br>○腐食性<br>○急性毒性<br>○慢性毒性等 |

（環境省ウェブサイト）

**バーゼル法**

日本は1993年にバーゼル条約に加入し，条約実施のための国内法を制定し，関連の政省令を整備した。そのうち，輸出手続の流れをバーゼル法（「特定有害廃棄物等の輸出入等の規制に関する法律」）に照らしてみると，次のようである。①輸出者は，外国為替法に基づく経済産業大臣の輸出承認を得なければならず，同大臣は特定の案件（汚染防止の必要な地域への輸出）については，その輸出申請の写しを環境大臣に送付する。②環境大臣はそれを輸入国（通過国を含む）に通報し，申請書に記載する処分について汚染防止に必要な措置がとられているかどうかを確認し，その結果を経済産業大臣に通知する。③さらに輸入国からの同意が環境省から経済産業大臣に送付され，経済産業大臣は初めて輸出を承認する（⇒**図表 2 - 4**〔次頁〕）。

このような複雑な手続をすり抜けるようにして発生したのが，日

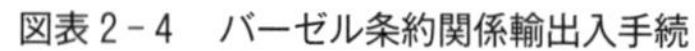

図表2-4　バーゼル条約関係輸出入手続

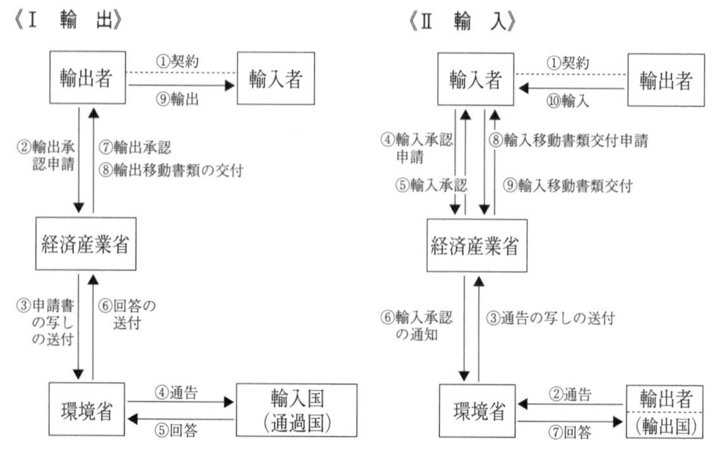


本からフィリピンに有害廃棄物が違法に輸出された医療廃棄物輸出事件である（1999～2000年）。事件の背景として，輸出業者がフィリピンへの輸出に先立ち，近隣の県から発生した産業廃棄物の処分を大量に委託されていたという事実が判明した。国内における処分施設や最終処分場が不足し，これによって国内の不法投棄が発生し，その延長線上に位置するのがこうした国際的事件である。

### Column㉕　医療廃棄物輸出事件

1999年に栃木県小山市の産業廃棄物の処理業者N社は，再生紙の原料となる古紙と称して，フィリピンにコンテナ122個，約2700tの貨物を輸出した。輸入業者が貨物の受取りを拒否したため，フィリピン政府がマニラ港で貨物を調べたところ，使用済みの紙おむつ，点滴用のチューブなどが発見された。フィリピン政府はバーゼル条約違反の違法な輸出であるとして，日本政府に貨物の回収を要請した。バーゼル法により輸出者であるN社に貨物の回収が命じられたが，これが履行されずに行政代執行によりコンテナをマニラから積み出し，東京港に荷揚げし保管した。その後，輸出者に対する回収貨物の適正処理命令も履行されないまま，日本政府が貨物を焼却処理した。

**リサイクル処分の禁止**

途上国はバーゼル条約の交渉時点から有害廃棄物の南北間における輸出入の禁止を主張していた。1994 年の締約国会議は，① OECD 諸国から非 OECD 諸国への「**最終処分**」を目的とするすべての有害廃棄物の輸出入を直ちに禁止し，② OECD 諸国から非 OECD 諸国への「**リサイクル**」目的の輸出入については，1997 年末までに段階的に禁止することを決定した。これを受けて，1995 年の締約国会議は条約前文の一部を改正し，かつ OECD に加盟する先進締約国の国名を明記する附属書と，輸出入が禁止される物質とそうでない物質を明示するリストを作成・採択した（1995 年改正という）。

このようなリサイクル目的の輸出入禁止には反対意見がある。すなわち，輸入国が有害廃棄物から原材料を再生する能力を有するときには，輸出入は認められるべきであり，**環境上健全なリサイクル**は持続可能な発展にとって必要かつ統合的な部分と考えるのである。

他方で，途上国の行政的，技術的な能力を考えると，リサイクル目的の廃棄物に経済的メリットがあるからといって，途上国への輸出に伴う弊害が防止されるわけではない。リサイクルを口実とし，むしろ有価物であることを理由に適正に管理されることなく環境汚染をもたらす危険性が指摘されている。適正な処分能力をもたない途上国への輸出を無条件にあるいは緩和された条件で許すことには問題がある。これが 1995 年改正の基本的な立場である（日本はこ

図表 2－5　バーゼル法の施行状況（2018 年）

（　）内は 2017 年の実績

| わが国からの輸出について | | | わが国への輸入について | | |
|---|---|---|---|---|---|
| 相手国への通告 | 14 件（99 件） | 285,570 t（461,850 t） | 相手国からの通告 | 134 件（184 件） | 129,778 t（172,552t） |
| 輸出の承認 | 16 件（105 件） | 289,600 t（375,030 t） | 輸入の承認 | 125 件（139 件） | 109,296 t（145,088 t） |
| 輸出移動書類の交付 | 626 件（1,203 件） | 215,890 t（249,006 t） | 輸入移動書類の交付 | 858 件（797 件） | 27,910 t（20,363 t） |

（環境省報道発表 2019 年 5 月 28 日）

の改正を批准していない）。

問題は，人間の健康や環境に危険なリサイクル活動と，正当なリサイクル活動を明確に区別できるかどうかである。そのためには，科学的・技術的な見地から対象となる廃棄物リストを柔軟に見直し，改正する手続，さらにリサイクル処分を適正に行う能力があるかどうかの客観的審査が必要である。

**携帯電話のリサイクル**

近年，「使用済み携帯電話」の回収と再利用システムを構築する国際的な計画が検討されている。2002 年のバーゼル条約第 6 回締約国会議（COP6）は，途上国への支援や越境移動の減少などに関する 2010 年までの戦略計画を採択したが，そこでは電気電子機器廃棄物（E-waste）への対処が条約の優先課題であるとされた。

2008 年の第 9 回締約国会議（COP9）は E-waste の環境上適正な管理の能力向上のためのガイドライン作成を決定し，2013 年の第 11 回締約国会議（COP11）で条約事務局が提示したガイドラインについて議論が行われたが，廃棄物と非廃棄物の区別，特に非廃棄物扱いする場合の条件（輸出前検査の範囲等）をめぐって意見が分かれ，合意が得られなかった。その後2019年4～5月の第14回締約国会議（COP14）で，E-wasteおよび使用済み電気電子機器の越境移動に関する技術ガイドラインが暫定採択された。これは，廃棄物と非廃棄物を識別する客観的な判断基準を示すものであり，使用済み電気・電子機器が再使用目的で輸出入される場合に，関係当局（税関等）の検査に資する指針である。近年，アジアの諸国（タイ，フィリピン，ベトナム，インドネシア，マレーシア，中国）は，使用済み電気・電子機器の輸入を規制しているため，輸出に際して相手国等（通過国も含む）の規制を確認する必要がある。

**プラスチックごみの規制**

2019年の第14回締約国会議（COP14）はバーゼル条約の附属書を改正し，汚れたプラスチックごみを条約の規制対象とすることを決定した。当該ごみの輸出には輸出相手国への通報や同意が必要となる（改正附属書は2021年1月発効予定）。

この決定を受けて，規制対象となる廃棄物の範囲等を見直す必要があるため，関連の附属書について議論が行われた。①附属書Ⅱ（条約の対象となる「他の廃棄物」のリスト）については，附属書Ⅷと Ⅸを除くプラスチックごみを追加，②附属書Ⅷ（有害な廃棄物を例示するリスト）については，廃棄経路や化学的性質等から有害な特性を示すプラスチックごみを有害廃棄物としてリストに追加，③附属書Ⅸ（条約の対象としない廃棄物を例示するリスト）については，リサイクルに適したきれいなプラスチックごみの範囲を明確にするとした。

## 4 国際規制のインパクト

日本の環境政策は，大量の生産・消費活動から生じる大量の廃棄

図表2-6　世界の主要な海洋プラスチック汚染

出典：日本経済新聞 2019 年 5 月 23 日付夕刊（写真・AP／アフロ）

物を抱える経済社会を見直し，資源の有効利用と環境への負荷をともに考慮する「**循環型経済社会**」を目指すものであり（⇒ 74 頁以下），上記の様々な国際規制は，そのような日本の廃棄物政策をさらに見直す契機を含むものである。日本は家庭や企業から出るプラスチックごみ（以下，廃プラ）の処理をアジア諸国に頼ってきた。年間約 900 万 t の廃プラのうち，2017 年度には約 143 万 t が輸出された。しかし，その半分（74 万 t）を占める中国が 2017 年末に「環境への危害が大きい固体廃棄物」の輸入を原則禁止した結果，全体の輸出量および中国への輸出量は大幅に減少した（2018 年度上半期でそれぞれ 53.4 万 t および 1.9 万 t。財務省貿易統計「我が国のプラスチックくずの輸出量」）。加えて，上記のように，廃プラが新たにバーゼル条約の規制対象となると，国内での廃棄物処理を検討せ

図表 2-7　バーゼル条約附属書改正（2019 年）の背景（プラスチックごみ問題）

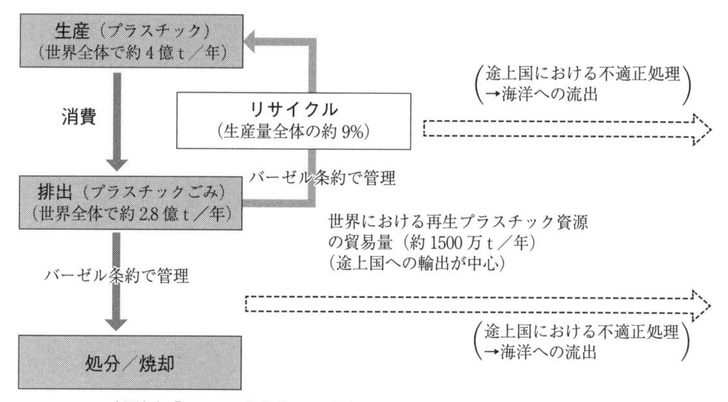


（環境省「バーゼル条約第 14 回締約国会議の結果について」2019 年 5 月（一部改変））

ざるをえない（⇒ 83 頁）。中国の輸入規制後の廃プラ輸入国であったタイは 2018 年 6 月，廃プラの輸入を禁止する方針を公表し，タイやマレーシアにおいてもその輸入制限が行われている。こうした状況のもと，日本はリサイクル施設を建設する補助金の拡充や規制緩和，さらには処理施設の増設等，国内の廃棄物処理業者への支援に取り組む方向にある（環境省「プラスチックを取り巻く国内外の状況」平成 30 年 8 月）。今や日本にとって，廃プラを資源として国内循環させるためのリサイクル技術の発展は喫緊の課題である。

## 参考文献

### 第1節

◎不法投棄事件とその後の対応について

＊畑明郎＝杉本裕明編『廃棄物列島・日本』（世界思想社・2009）

◎廃棄物処理法の具体例を豊富にわかりやすく紹介するものとして

＊北村喜宣＝福士明＝下井康史『産廃法談』（環境新聞社・2004）

◎国の廃棄物・リサイクル行政の施策の全体像と具体的な数字について

＊環境省編『環境白書・循環型社会白書・生物多様性白書』

◎循環型社会について

＊小宮山宏＝武内和彦＝住明正＝花木啓祐＝三村信男編『サスティナビリティ学③資源利用と循環型社会』（東京大学出版会・2010）

◎廃棄物にかかわる判例解説として

＊北村喜宣編著『産廃判例を識る』（環境新聞社・2016）

＊北村喜宣編著『産廃判例が解る』（環境新聞社・2010）

＊北村喜宣編『産廃判例を読む』（環境新聞社・2005）

◎廃棄物法制に関する進んだ学習のために

＊北村喜宣『廃棄物法制の軌跡と課題』（信山社・2019）

### 第2節

◎廃棄物の国際移動（海洋投棄を含む）を包括的に検討するものとして

＊臼杵知史「廃棄物の国際管理」国際法学会編『日本と国際法の100年(6)』（三省堂・2001）

＊臼杵知史「有害廃棄物の越境移動とその処分の規制に関する条約（1989年バーゼル条約）について」国際91巻3号（1992）298頁

◎関連条約の国内実施に重点をおく研究として

＊兼原敦子「国際環境保護と国内法制の整備」法教161号（1994）42頁

＊北村喜宣「国際環境条約の国内的措置」横浜国際経済法学（横浜国立大）2巻2号（1994）89頁

＊鶴田順「有害廃棄物の越境移動に関する国際条約の国内実施」論ジュリ7号（2013）39頁

◎日本の廃棄物問題に関連して，バーゼル条約に言及するものとして

＊吉田文和『循環型社会』（中央公論新社・2004）

＊鶴田順「バーゼル条約とバーゼル法」新美育文＝松村弓彦＝大塚直編『環境法大系』（商事法務・2012）所収

# 第3章 大気汚染・温暖化

大気汚染は，当初は特定の工場を汚染源とする限られた地域の問題であった。しかし，近時は，特定の工場だけではなく不特定多数の中小の工場や移動発生源である自動車をも排出源とする都市型複合汚染の形をとるものが多くなってきており，被害を受ける地域の規模が拡大している。一方，通常の事業活動や国民の日常生活のエネルギー消費に伴う二酸化炭素の大気への放出は，温暖化という地域や国境を越えた地球規模の新たな環境問題をもたらしている。

## 1 工業公害

### 1 前　史

#### 戦　前

(1) わが国で大きな被害を与えた公害は，明治時代の近代鉱工業の勃興期に遡ることができる。その代表例が**足尾鉱毒事件**と**日立煙害事件**である。

足尾銅山では，排水による渡良瀬川流域の農業等に対する鉱毒被害や，精錬所の排煙による被害が問題となった。しかし，鉱山側はわずかな補償金による永久示談契約を結ぶだけで有効な対策をとらず，農民たちは大衆行動をとって各方面に被害の救済を訴えたが，その運動は官憲による弾圧を受けた（1900年の川俣事件）。鉱毒被害は谷中村の廃村・遊水池化によって完全に終焉したわけではなく，閉山の翌年に当たる1974年に公害調停が成立している。排煙による周囲の山林に対する傷跡は今日まで残っている。

一方，日立鉱山では，精錬所からの排煙による農業・林業等への被害が問題になり，被害者らが被害対策委員会を組織して補償交渉を行った。鉱山側は良心的な補償額を支払うとともに被害防止の対策に努め，最終的には1914年に高さ156 mの煙突から煙を拡散することで被害と補償額を減少させることに成功した。

(2) 工場公害に対する民事訴訟の先駆けとなったのが，1916（大正5）年に大審院判決が出された**大阪アルカリ事件**（大判大5・12・22）である。工場から排出された亜硫酸ガスなどによる農業被害に対する損害賠償を請求したところ，原判決（大阪控判大4・7・29）は被害発生の予見可能性があったとして賠償を認めたが，大審院は「相当なる設備」を施したかどうかを過失判断の基準とすべきだとして破棄差戻しの判決を出した。差戻審判決（大阪控判大8・12・27）は，大審院判決の判断枠組みに従いながら賠償を認める結論を導いたが，その際，日立鉱山や外国の例を出して，高い煙突を建てることで経済上さほど困難なく被害を防止することができたとして過失責任を認めている。

同時期の1919（大正8）年には，鉄道公害であるが，機関車からのばい煙によって由緒ある松が枯れたことに対する賠償を認めた信玄公旗掛松（しんげんこうはたかけまつ）事件大審院判決（大判大8・3・3）が出ている。

(3) 明治大正から昭和（戦前）にかけて，工場などによる大気汚染については，地方自治体レベルで1932年に大阪府煤煙（ばいえん）防止規則が制定されたほかは，特に法的な規制はなされず，民事上の損害賠償などが問題となるだけであった（鉱害については1939年に無過失損害賠償責任の規定が導入された）。

**公害国会以前**

(1) 地方自治体の条例等による法的規制が本格的になされるようになったのは戦後である。初期のものとしては，1949年の東京都工場公害防止条例，1951年の神奈川県事業場公害防止条例がみられるが，注目すべきは1955年の東京都ばい煙防止条例である。この条例によって初めて排出基準の考え方が導入され，遵守義務を負う事業場の排出基準違反に対する行政命令が規定された。

(2) 国レベルの規制はやや遅れて，1962年の「ばい煙の排出の規制等に関する法律」（**ばい煙規制法**）に始まる。この法律は指定地域内にばい煙発生施設を設置する際に事前の届出を義務づけるとともに，硫黄酸化物・ばいじんの濃度基準による排出基準を設定し，その違反には使用一時中止の行政命令（さらにその違反には刑事罰）を適用するものであった。しかし，その規制はあくまで指定地域内に限られ，指定地域内についても排出基準が緩かったために十分な実効性を有するものではなかった（特に硫黄酸化物の汚染は深刻化した）。また，「生活環境の保全と産業の健全な発展との調和」をうたう条項（調和条項）を置いていた点で，基本思想に問題があった。

1967年の公害対策基本法の制定を受け，1968年，ばい煙規制法に代えて，**大気汚染防止法**が制定された。同法がばい煙規制法と異なる点は，①未然防止の観点に立った地域指定が可能となった（指定地域の拡大が可能となった）こと，②硫黄酸化物について濃度規制に代えて量規制（**K値規制**⇒209頁）を導入したこと，③公害対策基本法が導入した環境基準を超えるような著しい大気汚染地域内の新設施設を対象として，より厳しい「特別排出基準」が設定されたこと，④移動排出源である自動車が規制の対象となり，自動車排出ガスの量の許容限度が設定されたこと，などである。しかし，調和条項や指定地域制度が残ったこと，規制の基準や対象が十分でなかったことなどの問題点を残した。

**公害国会による大気汚染防止法の改正**

(1) 四大公害をはじめとする全国各地の公害が深刻化する一方，府中市のカドミウム汚染米・杉並区の光化学スモッグ・田子の浦港のヘドロなど新たな公害が社会的に問題になる中で，1970年末に召集された第64回臨時国会（**公害国会**）では，14の公害関係法の制定・改正が行われた。改正された法律の中には，公害対策基本法や大気汚染防止法が含まれていた。大気汚染防止法の主な改正点は以下のとおりであり，現在の大気汚染規制の骨格が形成された。

① **調和条項の削除** 1967年の公害対策基本法には，ばい煙規制法の「生活環境の保全と産業の健全な発展との調和」と基本思想を同じくするものとして，「生活環境の保全については，経済の健全な発展との調和が図られるものとする」という**調和条項**が置かれていた。1968年にばい煙規制法に代えて制定された大気汚染防止法においても，調和条項が置かれていた。しかし，公害対策基本法の制定準備段階から，調和条項は生活環境の保全よりも経済を優先するものではないかとする批判が強く，公害国会における公害対策基本法の改正で削除されるに至った。これに合わせて大気汚染防止法の目的規定から調和条項は削除されるとともに，以下にみるように具体的制度の改正もこれに沿った形でなされている。

② **指定地域制度の廃止** 旧法は未然防止の観点に立った地域指定を認めていたが，指定は遅れがちであり，時間の経過による被害の悪化を招いていた。そこで，改正法は指定地域制度を廃止して規制

を全国に拡大した。

③ **条例による上乗せ・横出し規制**　大気汚染防止法は全国一律の排出基準を定めているが，地域の汚染の状況によっては健康の保護や生活環境の保全のために十分ではない場合もありうる。改正法は，都道府県が条例を制定することによって，特定の区域を対象に，より厳しい基準（**上乗せ規制**）を定めることを明文で認めた（大気汚染4条。ただし，法文上はばいじんと有害物質のみ）。また，地方公共団体が条例を制定することによって，大気汚染防止法の規制の対象外の物質や施設を規制の対象とすること（**横出し規制**）も明文で認めた（32条）。なお，上乗せ部分については大気汚染防止法に基づいて規制が行われるのに対し，横出し部分についてはもっぱら当該条例に基づいて規制が行われる点に違いがある。

④ **直罰制度の導入**　ばい煙規制法および改正前の大気汚染防止法では，排出基準違反があった場合に，是正を命ずる行政命令が発せられた上でなおその命令に反した場合に初めて刑罰が科されることになっていた。しかし，悪質な違反があっても迅速に対処できないことや，行政命令の権限が謙抑的に行使される傾向があることなど（他方で違反の基準自体は明確であること）から，改正法では，排出基準違反（13条）の行為に対し直ちに刑罰が適用される（33条の2第1項1号）という**直罰制度**が導入された。

⑤ **規制対象の拡大**　カドミウム・鉛などの「有害物質」を「ばい煙」の定義に含めることで，規制の対象を拡大した（窒素酸化物などは政令で「有害物質」に含められた）。また，燃焼過程以外から発生する「粉じん」についても規制の対象とされた。そのほか，一定地域内の燃料使用について規制が導入された。

⑥ **緊急時の措置の強化**　大気汚染（硫黄酸化物や二酸化窒素などに

よる）が急激に悪化し，健康や生活環境に重大な被害が生じるおそれがあるときの都道府県知事による措置を強化した。すなわち，このような緊急事態がばい煙に起因するときは，ばい煙発生施設の使用制限などの措置を命令し，自動車排出ガスに起因するときは，都道府県公安委員会に対し道路交通法の規定による措置を構ずることを要請しなければならない（23条）とされた。

(2) その後の主な改正点として，1972年の無過失損害賠償責任の導入，1974年の総量規制の導入，1989年のアスベスト対策のための改正，1996年のベンゼンなどの有害大気汚染物質対策のための改正，2004年のVOC（揮発性有機化合物）規制のための改正がある。2013年改正では，放射性物質による大気汚染およびその防止に関する適用除外規定が削除されて（27条1項），上記汚染の状況の常時監視を環境大臣が行う旨の規定（22条3項）が定められた一方，2015年改正では水俣条約を契機とする水銀規制が導入された。

以下では，大気汚染防止法の固定排出源を対象とする規制について，ばい煙規制・粉じん規制・有害大気汚染物質対策・VOC規制・水銀規制に分けて説明する（移動排出源である自動車を対象とする規制については次節で説明する）。

なお，環境基本法16条は，大気汚染・水質汚濁・土壌汚染・騒音に関し，健康を保護し生活環境を保全する上で維持されることが望ましい基準（**環境基準**⇒212頁）を設定するものとしている。現在，大気汚染に関して，二酸化硫黄・一酸化炭素・浮遊粒子状物質（SPM）・光化学オキシダント・二酸化窒素・ベンゼン等・ダイオキシン類・微小粒子状物質（PM2.5）についての基準が告示されているが，環境基準はあくまでも行政上の努力目標にすぎない。

## ② 大気汚染防止法

**ばい煙規制**

(1) **規制対象**　「ばい煙発生施設」から発生する「ばい煙」が規制対象となる。

**ばい煙**とは，硫黄酸化物・ばいじん・有害物質（カドミウム・塩素・弗素（ふっそ）・鉛・窒素酸化物など）である（大気汚染2条1項，施行令1条。以下，大気汚染防止法は「法」，同施行令は「令」，同施行規則は「則」とする）。ばい煙発生施設とは，これらを発生する施設であり，ボイラー・溶鉱炉・廃棄物焼却炉など32種類の施設（一定以上の規模のもの）が指定されている（法2条2項，令2条）。

(2) **排出基準**　ばい煙発生施設の**個々の排出口**からの排出に適用される排出基準は，①**一般排出基準**，②**特別排出基準**，③**上乗せ基準**の3種類である（個々の排出口を対象としたこれらの規制のほかに，工場単位の規制である「総量規制」がある〔⇒次頁(3)〕）。

① **一般排出基準**　硫黄酸化物については，前述したように，濃度規制ではなく量規制（**K値規制**⇒209頁）が導入され，1時間当たりの排出許容限度量が地域区分と排出口の高さに応じた数式によって定められる（法3条2項1号，則3条2項）。

ばいじんについては，施設の種類と規模に応じた許容限度（濃度規制）が定められている（法3条2項2号，則4条）。

有害物質は，窒素酸化物以外については有害物質の種類と施設の種類に応じた濃度規制がなされ（法3条2項3号，則5条1号），窒素酸化物については施設の種類と規模に応じた濃度規制がなされている（法3条2項3号，則5条2号）。

② **特別排出基準**　前述したように，環境基準を超えるような著しい大気汚染地域内の新設施設を対象とした①よりも厳しい基準のこ

とであり（法3条3項），硫黄酸化物とばいじんに関して大都市・工業都市とその周辺について定められている（則7条）。

③ **上乗せ基準**　前述したように都道府県の条例で定められる。

⑶　**総量規制**　　個々の施設が排出基準を遵守したとしても，施設が多数集中していたり，硫黄酸化物については高煙突化によってK値規制をクリアして大量の排出をしていたりすれば，環境基準の確保は困難である。そこで，そのような地域全体の排出量を削減する**総量規制**（⇒214頁）の制度（法5条の2）が，1974年にまず硫黄酸化物を対象として，次いで1981年に窒素酸化物を対象として導入されるに至った。

関係都道府県知事の意見を聴いて指定される地域は，指定ばい煙によって異なる。硫黄酸化物については千葉市・東京都特別区・名古屋市・大阪市（それぞれの周辺を含む）などの24地域，窒素酸化物については東京都特別区・横浜市・大阪市（それぞれの周辺を含む）の3地域が指定されている（令7条の2・7条の3）。

都道府県知事は，指定ばい煙総量削減計画を策定し，その中で，知事が定める一定規模以上の工場等（特定工場等）に設置されているすべてのばい煙発生施設から排出される指定ばい煙の総量についての削減目標量，計画の達成期間とその方途などを規定する。これに基づいて**個々の特定工場等の単位**で総量規制が行われる。

⑷　**燃料使用規制**　　冬期に暖房等から発生する硫黄酸化物による大気汚染の悪化を防ぐため，都道府県知事は，政令で指定された地域を対象に，地域ごとの燃料使用基準を定めて，燃料の質や使用量に関する規制を行うことができる（法15条）。

### 粉じん規制

「**粉じん**」とは，物の破砕・選別などに伴って発生・飛散する物質をいい（法2条7

項），健康被害の危険がある「特定粉じん」と，その他の「一般粉じん」に分かれる（2条8項）。

**特定粉じん**（発ガン性のあるアスベストが指定されている）の規制は，1989年の改正で導入されたものであり，「特定粉じん発生施設」（研磨機・粉砕機などの機械で一定規模以上のもの）が設置されている工場等の敷地境界線における濃度規制である（18条の5）。これに対し，**一般粉じん**の規制は，濃度規制ではなく，排出・飛散を防止するための技術・設備構造・管理などに関する基準であり，集じん機の設置などが定められている。

なお，アスベスト（石綿）は，これを建材に用いた建築物を解体する際にも多く発生し，特に阪神・淡路大震災の際に大きな問題となったため，1996年の改正で飛散防止のための作業基準の遵守が義務づけられた（2条11項・18条の14・18条の18）。2006年の改正ではアスベストを用いた工作物（工場プラント等）の解体も上記の対象となった。2013年の改正では，解体工事時の飛散防止対策が強化された（事前調査とその結果等の説明・掲示の義務付け〔18条の17〕ほか）。

**有害大気汚染物質対策**

1996年の改正により，継続的に摂取すると人の健康を損なうおそれがある物質で大気汚染の原因となる「**有害大気汚染物質**」（2条15項）が規制の対象に加わった。これは発ガン性など長期毒性のある大気汚染物質に関する施策を未然防止の観点から実施するものであり（18条の36参照），現在，248種類の物質がリストアップされ，そのうち，**優先取組物質**として23種類が指定されている。

一層の科学的知見の充実が必要だという理由から，法律本則規定上は事業者に排出抑制の努力義務が課されるにとどまる（18条の

37）が，優先取組物質の中のベンゼン・トリクロロエチレン・テトラクロロエチレン（後にダイオキシン類が追加されたがダイオキシン類対策特別措置法の制定に伴い削除された）については，早急な対策を要する**指定物質**とされて，より強化された規制がなされている。すなわち，一定の施設について濃度基準である排出抑制基準が定められ，その違反に対し都道府県知事から必要に応じて勧告等がなされる（附則9項〜11項。同12項・13項も参照）。

**VOC規制**

2004年の改正でVOC（揮発性有機化合物）の排出抑制制度が導入された。

VOCは，トルエン・キシレンなど主なもので約200種類あり，ペンキの溶剤（シンナー）・接着剤・インキ等に含まれ，浮遊粒子状物質や光化学オキシダントの原因となる。

対策の枠組みは，**法規制**と事業者の**自主的取組み**とを組み合わせたものである（法17条の3）。VOCの排出量が多く大気への影響が大きい6種類の施設については排出口における濃度規制（施設の種類と規模ごと）が行われ（17条の4），その他の施設については事業者の責務による自主的取組みによる（17条の14）。

**水銀規制**

2015年の改正では水銀規制が導入された（水銀に関する水俣条約発効の翌2018年に施行）。①水銀排出施設（法2条13項）を定めて，設置・設備の変更等について都道府県知事への届出を義務づける（18条の23，18条の25）とともに，②排出口の水銀濃度の排出基準を定めて，遵守を義務づけた（18条の22，18条の28）。他方で，規制対象外の一定施設については**自主的取組み**による（18条の32）。

### Column㉖ 化学物質

近年，環境ホルモン（内分泌撹乱物質）問題，シックハウス症候群，あるいはダイオキシン問題を通じて，化学物質による環境汚染を通じた人や生態系へのリスクに対する関心が喚起されてきた。10万種類以上の化学物質が工業的に製造されて流通しているといわれるが，環境リスクについての知見が十分に得られていないのが現実である。**化学物質審査規制法**は，環境中で分解しにくく，継続的に摂取すると人への毒性を有する化学物質について，その有毒性に応じて，製造と輸入を規制している。汚染物質排出移動登録（Pollutant Release & Transfer Resister）制度を導入した化学物質排出把握管理促進法（**PRTR法**）は，事業所から環境中に排出される化学物質の量の把握とその届出を，事業者に義務づけている。PRTR法は，基準を設定してその遵守を求める大気汚染防止法や水質汚濁防止法による有害物質の規制とは異なり，化学物質の排出量を把握して届出（実質的には公表）をさせるに過ぎないものである。農薬取締法は，国内で使用される農薬の登録制度を構築し，農薬が適正に使用されるように規制している。ダイオキシンに関してはダイオキシン類対策特別措置法，PCBについてはPCB処理特別措置法が制定されている。

## ③ 工場公害と大気汚染公害訴訟

工場を被告とする大気汚染公害訴訟は，大阪アルカリ事件では農業被害に対する損害賠償を求めるものであったが，四日市公害事件以降は，健康被害に対する損害賠償を求めるものが中心となった。

**四日市公害事件**

四日市公害事件は，1958年頃から操業を開始した四日市の石油コンビナートから硫黄酸化物が排出され，1961年頃から大気汚染の悪化に伴って周辺でぜん息患者が多発したことを端緒とする事件である。全国各地でも大気汚染が問題となり，1962年，ばい煙規制法が制定されたが，四日市の地域指定に4年かかる間に被害は深刻化し，1967年，工場周辺に居住していた患者が四日市コンビナートを構成する三菱化成など6社に対して提訴した。

1972年に出された判決（津地四日市支判昭47・7・24）は，6社の共同不法行為責任を認めた（この判決の因果関係論と共同不法行為論については⇒240頁，245頁）。同年の大気汚染防止法の改正により，工場などの固定排出源からの大気汚染による人身被害を対象とする無過失損害賠償責任の規定が設けられた（大気汚染25条）が，この事件には適用はなく（法律不遡及の原則），判決は6社の過失責任（民709条）について，**立地上の過失**と**操業上の過失**を認めた（特に前者の議論は注目された）。

この判決を契機として，1973年に公害健康被害補償法（公健法）が制定された（1987年の改正で公害健康被害の補償等に関する法律と名称が変更された）。また，四日市では1972年から三重県公害防止条例に基づく総量規制がなされていた（そのほか大阪府や神奈川県でも導入された）が，前述したように1974年の改正で大気汚染防止法に総量規制の制度が設けられた。

**千葉川鉄事件**

一方，1975年に千葉市の川崎製鉄を被告として大気汚染による健康被害に対する損害賠償などが請求されたのが千葉川鉄事件である。環境基準を超える汚染物質の排出等に対する差止請求もされたが，1988年に出された判決（千葉地判昭63・11・17）では損害賠償のみが認められた。

**そ の 他**

その後の主な大気汚染訴訟として，①大阪・西淀川（1978年第1次提訴），②川崎

(1982年第1次提訴)，③倉敷・水島（1983年提訴)，④尼崎（1988年提訴)，⑤名古屋南部（1989年提訴)，⑥東京（1996年第1次提訴）があるが，いずれも損害賠償とともに差止めも請求されている。

これらの訴訟の背景として，1978年に二酸化窒素の環境基準が大幅に緩和されたことや，1988年に公健法の大気汚染公害に関する第一種地域の指定が全面解除されたこと（それに対する異議申立て）も指摘できるが，自動車を原因とする大気汚染の悪化が重要である。水島コンビナートの工場からのばい煙が問題とされた③以外の事件については，工場だけではなく道路管理者が被告となって自動車からの排気ガスも問題とされている（⇒**2**で扱う)。

## 2 排気ガス

### 1 大気汚染防止法と排気ガス

前節で扱った工場などの固定発生源による大気汚染は，施設を動かしている者が排出基準などの遵守義務を負っていた。これに対し，自動車による大気汚染は，発生源が不特定多数であり，かつ，移動することなどの事情の違いがあるため，自動車の運転者や所有者に対し個別に遵守義務を負わせて規制を行うことに困難がある。

そこで，大気汚染防止法は，メーカーに対し，自動車の構造規制を行っている（1996年の改正で二輪車も対象とされた)。

規制対象となる排出ガスは，一酸化炭素・炭化水素・鉛化合物・窒素酸化物・粒子状物質であり（大気汚染令4条)，環境大臣が**自動車排出ガスの量の許容限度**を定める（法19条)。具体的には，車種ごとに環境省告示で規定され（告示では，一酸化炭素・炭化水素・窒素酸化物・粒子状物質・同物質中のディーゼル黒煙が対象とされている），1974年以降，たびたび強化されている。国土交通大臣はこの基準を確保できるように道路運送車両法の保安基準を設定する（19条2項）。そのほか，1995年の改正で自動車燃料中の**物質量許容限度**による規制も導入されている（19条の2）。

他方，大気汚染防止法は，都道府県知事の要請に基づき都道府県公安委員会が道路交通法上の交通規制を行うことで汚染を抑制するという方法も規定している（21条・23条）。

以上の大気汚染防止法による規制のほかに，後述する個別法による規制もなされている。

## 2 都市型大気汚染公害訴訟と排気ガス

近時は，特定の工場だけではなく不特定多数の中小の工場や移動発生源である自動車をも排出源とする**都市型複合汚染**の形をとるものが多くなってきている。これに伴って，四日市公害事件で健康被害の原因とされた硫黄酸化物だけではなく，自動車から排出される**窒素酸化物**（NOx）や**浮遊粒子状物質**（SPM）と健康被害との因果関係が主張されるようになり，工場だけではなく道路管理者を被告とする大気汚染訴訟が続いている。

当初，①西淀川大気汚染第1次訴訟（大阪地判平3・3・29）や，②川崎大気汚染第1次訴訟（横浜地川崎支判平6・1・25）では，窒素酸化物と健康被害との因果関係の主張が斥けられて，道路管理者の責任が否定された（なお，四日市公害事件判決では大気汚染による健康被害について被告6社の連帯責任が認められたが，①判決では被告10社全体の大気汚染に対する**寄与度**〔時期区分に応じて5割・3割5

分・2割〕の範囲での連帯責任が認められた)。

しかし，③西淀川大気汚染第2次～第4次訴訟（大阪地判平7・7・5），④川崎大気汚染第2次～第4次訴訟(横浜地川崎支判平10・8・5）では，上記の因果関係の主張が認められ，道路管理者の責任が認められている(④では浮遊粒子状物質との因果関係も認められた)。

その後，⑤尼崎大気汚染訴訟（神戸地判平12・1・31），⑥名古屋南部大気汚染訴訟（名古屋地判平12・11・27）では，健康被害について窒素酸化物との因果関係が否定されたものの，浮遊粒子状物質との因果関係に基づく道路管理者の責任が認められ，損害賠償とともに一定濃度を超える排出の差止めが認められるという画期的な判断が示されている。

近時は，自動車メーカー7社と道路管理者を被告とした東京大気汚染第1次訴訟が提起されている。東京地判平14・10・29は，ディーゼル排気微粒子（DEP）を含むディーゼル排気（DE）と窒素酸化物のいずれか（または両方）と健康被害との因果関係を認めて，道路管理者の損害賠償責任を認めた（差止めは否定）が，自動車メーカーの責任は否定した（その後2007〔平成19〕年8月に和解成立)。

**Column㉗　東京大気汚染第1次訴訟判決の過失論**

同判決は，メーカーの結果回避義務の判断に関して，①権利侵害の蓋然性の程度，②被侵害利益の重大性の程度，③結果回避義務を課されることにより被告や社会が被る不利益の内容・程度，を比較衡量すべきであるとし，③に関して，ディーゼル車の社会的有用性を指摘して，メーカーはガソリン車を選択採用して製造すべき義務があったとする原告側の主張を斥けた。

上記の判断はアメリカ判例法の準則（判事の名前からハンドの定式と呼ばれる）を参考にした日本のある学説の考え方に沿ったものである。しかし，多くの学説は，公害について③を理由に被害者に対する賠償責任を否定するのは不当であると主張してきた。また，第8章 ***1*** [2]（⇒237頁以下）で触れるように，公害関係の裁判例が，人の生命・身体に対する被害のおそれがある場合に工場の操業停止などを含めた高度なレベルの結果回避義務を課してきたのに対し，この判決はこのような裁判例の傾向から外れるものである。

### [3] 自動車による大気汚染に対する近時の法規制

自動車による大気汚染の多様化に伴い，大気汚染防止法以外に個別法による新たな規制が導入されている。

**スパイクタイヤ粉じん規制**

スパイクタイヤは，すべり止めのために金属鋲などが打ち込まれたタイヤのことである。1970年頃から積雪寒冷地で普及し始めたが，積雪・凍結のない状態で使用されると舗装路面が削られて粉じんが発生し，不快感や衣類・洗濯物の汚れをもたらすだけでなく，健康への影響も懸念された。そのため，1970年代後半から大きな社会問題となり，一部の地方自治体では条例や要綱を制定して積雪・凍結期以外における装着の自粛を求めたが，法的な義務を伴うものではなかった。

1987年，公害等調整委員会にスパイクタイヤ粉じん被害等調停申請事件が係属し，1988年，メーカー7社との間でスパイクタイヤの製造・販売を中止すること等を内容とする調停が成立した（製造は1990年12月限り，販売は1991年3月限り）。

これを契機として，1990年，スパイクタイヤ粉じんの発生の防止に関する法律が制定された。同法は，スパイクタイヤ粉じんの発生防止を国民の責務とする（スパイクタイヤ粉じん防止法3条）とともに，環境大臣が指定する地域内の舗装道路において，積雪や凍結のない部分でスパイクタイヤを使用することを禁止した（5条・7条。救急用自動車などを除く）。違反に対しては，直ちに罰金が科される（8条）。現在は，スタッドレスタイヤが使われている。

**NOx・PM規制と2001年改正**

二酸化窒素の環境基準は，1978年に大幅に緩和されたにもかかわらず，基準達成率の悪い状態が続いた。**窒素酸化物**（NOx）の排出量は，工場などを排出源とするものについては排出基準の強化や総量規制によって抑制されたものの，自動車を排出源とするものについては都市部における交通量の増大やNOx排出量の多いディーゼル車の増加が拍車をかけていた。そこで，自動車からのNOxの排出総量を抑制することにより2000年における環境基準達成を目標とする，「自動車から排出される窒素酸化物の特定地域における総量の削減等に関する特別措置法」（自動車NOx法）が1992年に制定された。

しかし，第1に，2000年までに環境基準も達成できなかったこと，第2に，主にディーゼル車から排出される**粒子状物質**（PM）の健康被害との関係が指摘されるようになり，2000年に出された尼崎大気汚染訴訟（神戸地判平成12・1・31）と名古屋南部大気汚染訴訟（名古屋地判平成12・11・27）の二つの判決が健康被害との因果関係を認めたことから，2001年に法改正がなされた。規制が強化されるとともに，粒子状物質が規制対象に加えられ，名称も「自動車から排出される窒素酸化物及び粒子状物質の特定地域における総量の削減等に関する特別措置法」（自動車NOx・PM法）とされた。

⑴ **対策地域**　旧法では，東京・大阪とその周辺地域が政令で指定されたが，改正に際して，名古屋市周辺が追加された。

⑵ **計　　画**　国がNOx・PMそれぞれの**総量削減基本方針**を

策定し（2011年3月に10年間の新たな方針が定められた），これに基づき，対策地域について都道府県知事が**総量削減計画**を策定する。

(3) **車種規制**　旧法ではトラックとバスが対象とされたが，改正法ではディーゼル乗用車が追加され，基準も強化された。対策地域内に使用の本拠を有する対象車種については，排出基準が確保されるような措置が道路運送車両法に基づく命令によってなされる。つまり，車検証交付にリンクして排出基準に適合した自動車の使用が義務づけられたことになる（近時は車種規制とは別に補助金等による電気自動車等の低公害車の普及促進も図られている）。

(4) **使用合理化**　旧法では，卸小売業・運輸業などの所轄大臣が，自動車の使用の合理化に関する指針を定めて，事業者に対し指導を行うこととしていた。これに対し，改正法では，一定規模以上の事業者は，所轄大臣が定める「判断の基準となるべき事項」に基づいて，削減抑制のための計画の作成，都道府県知事への提出，定期的な報告をすることが義務づけられる。

**自動車NOx・PM法の2007年改正とPM2.5の環境基準**

大都市圏を中心に環境基準をなお達成できないところが残っていたことなどから，2007年改正で以下の対策が導入された。

(1) **局地汚染対策**　①都道府県知事は，対策地域の中に「重点対策地区」を指定し，重点対策計画を策定・実施する，②重点対策地区内に新たな交通需要を生じさせる建物（劇場・ホテルなど）を新設する者は，上記計画を踏まえた排出抑制のための配慮事項を届け出る義務を負う。

(2) **流入車対策**　①環境大臣は，重点対策地区内に流入車対策のための「指定地区」を定め，環境大臣および主務大臣は，そこを使用の本拠とする自動車が指定地区に相当程度流入する地域を「周辺地域」として指定する，②周辺地域内自動車を使用する一定の事業者（周辺地域内事業者）は，排出抑制のための計画を提出し，定期の報告をする，③周辺地域内自動車を使用する事業者やその事業者に輸送を行わせる事業者は，排出抑制に努めなければならない。

なお，上記改正の背景として東京大気汚染訴訟の控訴審における和解への動きを指摘することができるが，上記改正後の 2007 年 8 月に成立した和解条項を踏まえて，2009 年 9 月，微小粒子状物質（PM2.5）の環境基準が策定されるに至った。

## 3 地球温暖化

**温暖化の危機**　地球の温暖化が科学者の警告によって国際問題として意識され始めたのは 1980 年代中頃である。その後，温暖化は急速に進行し，地球が様々な警鐘を鳴らし始めている。「地球温暖化の影響が出るのは遠い将来のことで，今から心配する必要はないように思える。来週の天気予報もあてにならないのに，長期的な気候変動など予測できそうにない。……温暖化の兆候のなかには，自然の気候リズムで説明できるものもあるだろう。だが地球規模で進む異常な気温上昇は，別の要因による。人類は長年，森林を伐採し，石炭・石油・天然ガスを燃やし，二酸化炭素をはじめとする**温室効果ガス**を大気中に放出してきた。人為的な活動による二酸化炭素の排出量は，植物の光合成や海水中に溶け込むことによる吸収量を上回っている。」2001 年の国連の気候変動に関する政府間パネル（IPCC）の報告によると，過去 100 年間の気温上昇が人間の活動に起因することは疑いなく，火山爆発や太陽の活動などの自然要因だけでは気温上昇を説明できない。私たちは時間切れになる前に行動を起こし，最悪のシナリオを避けることができるだろうか（『ナショナル・ジオグラフィック』日本版，2004年9月号）。

### ① 気候変動枠組条約

1988年，国連環境計画（UNEP）と世界気象機関（WMO）の主催で「気候変動に関する政府間パネル」（IPCC）が設置され，二酸化炭素をはじめとする温室効果ガス（GHG）による温暖化に関する科学的知見，温暖化の様々な影響，そして今後の対策について検討した。1990年，国連総会の決議により条約作成のための政府間交渉委員会（INC）が設立され，1992年に気候変動に関する国際連合枠組条約（以下，気候変動枠組条約）が採択された。この条約は，1992年リオ・デ・ジャネイロで開催された「環境と開発に関する国際連合会議（国連環境開発会議）」（UNCED）で署名のために開放され，1994年3月に発効した。

気候変動枠組条約は，「気候系に対して危険な人為的干渉」を予防する水準まで「大気中の温室効果ガスの濃度を安定化させること」を目的とする。その水準は「生態系が気候変動に自然に適応し，食糧の生産が脅かされず，かつ，経済開発が持続可能な態様で進行することができるような期間内に達成」されなければならない（気候変動枠組条約2条）。そのため，すべての締約国は，その能力に応じて**予防措置**をとり，気候変動の悪影響を緩和すべきである（3条1）。

具体的には，締約国は，GHGの人為的な**放出および吸収源による除去**に関する自国の目録を作成・公表し，その排出を抑制・削減し，防止するための技術や方法などを開発することに協力しなければならない。特に先進国と市場経済移行国は，その排出を抑制し温暖化を緩和するための政策と措置をとることが義務づけられる。締約国は締約国会議に関連の情報を提出することを約束し，2000年までに人為的な排出量を1990年の排出水準に戻すことを努力目標とした（4条1・4条2）。

**議定書の作成**

このような枠組条約とは別に，排出削減の目標と仕組みに関する新たな議定書の作成が予定されていた（17条）。その結果，先進締約国（条約・附属書Ⅰの締約国）にのみ，温室効果ガスを削減する責任を負わせ，発展途上国（附属書Ⅰ以外の締約国）にはGHG削減の義務を課さないことが合意された（1995年ベルリン・マンデート）。しかし，この「**共通ではあるが差異ある責任の原則**」（3条1・3条2）に基づいて，具体的な数値目標を設ける実質的な交渉は難航し，1997年まで合意に至らなかった。先進諸国（アメリカ，日本，EU）が提案したGHG削減の数値目標には大きな隔たりがあり，さらに，海没を怖れる小島嶼国連合の主張，石油の消費が減ることを懸念する石油生産国の立場など，各国の利害が複雑に錯綜したからである。

## ② 京都議定書

1997年の京都議定書（以下「議定書」）では，附属書Ⅰの先進締約国（先進国と市場経済移行国）のGHG排出削減率が各国の妥協によって数値化され，削減目標を柔軟に達成するための措置が導入された。附属書Ⅰの先進締約国は，対象となるガスの人為的な総排出量を，目標期間（2008～2012年；第1約束期間）の平均において基準年（1990年）の水準と比較して，少なくとも全体として5％削減す

図表3－1　京都メカニズム

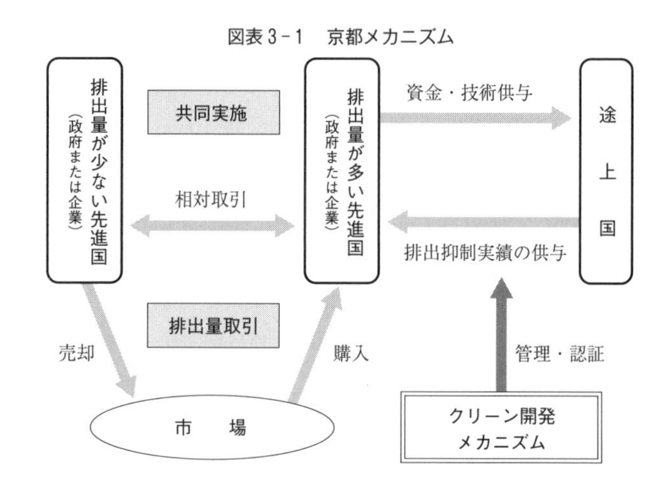


ることを約束した（議定書3条1）。主要な先進締約国については，EU 8％，アメリカ7％，日本6％などの削減義務が確定した（議定書・附属書B)。

この排出削減義務を達成するため，次の三つの制度を含む「**京都メカニズム**」が採用された（⇒**図表3－1**）。

**共同実施**
**(Joint Implementation)**

先進締約国の間で，排出削減事業やGHG吸収源強化の事業に投資し，それによって削減された排出量や吸収量をそれらの国の間で分配する制度である（議定書6条)。共同事業によって削減された排出・吸収量は，排出削減単位（Emissions Reduction Units, ERUs）としてカウントされ，関係国間で移転または取得される。

**クリーン開発メカニズム**
**(Clean Development Mechanism, CDM)**

先進締約国が発展途上国（附属書Ⅰ国以外の締約国）において実施するGHG削減事業や吸収源強化の事業によって生じたと認証される排出削減量（Certified Emission Re-

図表 3-2　国別 $CO_2$ 排出量（2016 年）

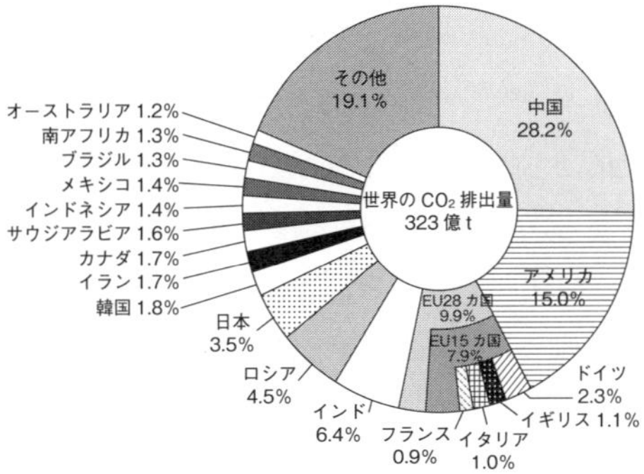

その他 19.1%
中国 28.2%
アメリカ 15.0%
EU28 カ国 9.9%
EU15 カ国 7.9%
ドイツ 2.3%
イギリス 1.1%
イタリア 1.0%
フランス 0.9%
インド 6.4%
ロシア 4.5%
日本 3.5%
韓国 1.8%
イラン 1.7%
カナダ 1.7%
サウジアラビア 1.6%
インドネシア 1.4%
メキシコ 1.4%
ブラジル 1.3%
南アフリカ 1.3%
オーストラリア 1.2%
世界の $CO_2$ 排出量 323 億 t

（出典：IEA「$CO_2$ EMISSIONS FROM FUEL COMBUSTION」2018 EDITION を元に環境省作成）

ductions, CERs）を獲得し，その先進締約国の排出割当量に追加できる制度である（議定書 12 条）。発展途上国にも投資と技術移転の機会が与えられるメリットがある。先進締約国の削減義務の達成を支援し，発展途上国の持続可能な発展を促進することができる。

**排出量取引（Emissions Trading）**

先進締約国（議定書・附属書 B の締約国；先進国と市場経済移行国）の間で，排出削減義務を達成するために排出割当量（排出枠）の一部を移転または獲得することを認める制度である（議定書 17 条）。排出枠取引という用語が使われることもある。排出枠の売買によって，割当量の一部を他の先進締約国から買う先進締約国は，議定書によってそれを自国の割当量に追加できるが，売り手の先進締約国の割当量からそれが差し引かれることになる。

これらの制度とは別に，経済統合のための地域機関（EU）の構成国が全体として排出量の削減を達成することを認める「**共同達成**」の措置がある（議定書 4 条）。

**2020年以降の新たな枠組みづくり**

京都議定書には大きな課題が残されていた。例えば，京都議定書の第一約束期間終了後（2013年以降）の温暖化対策である。そこでは議定書を批准したEU，日本，そしてロシアなどは別として，批准しないアメリカや新興・途上国（中国，インドを含む）への対応をどうするかが交渉のカギを握る。

2009年以降，すべての主要排出国が参加する新しい国際的枠組みの構築に向けて交渉がスタートした。まず，COP15（2009年）で，「世界全体の気温上昇は2度以内にとどまるべきであるとする科学的見解を認めて，先進国は2020年の削減目標を，途上国は削減行動を2010年までに条約事務局に提出する」という合意が成立した（コペンハーゲン合意）。COP16（2010年）は提出された削減目標等に留意するとし，COP17（2011年）は，将来の枠組みとなる法的文書を作成するための作業部会（「強化された行動のためのダーバン・プラットフォーム特別作業部会」）を立ち上げ，遅くとも2015年に将来の枠組み（法的文書）を作成する作業を終えて，その成果を2020年から発効させて実施に移すというプロセスに合意した（ダーバン合意。なお，京都議定書については，2013年以降2017年末まで5年間，または2019年度末までの7年間延長し，第二約束期間とする。日本を含むいくつかの国は同期間に参加しないと表明したが，参加する先進国の削減目標をCOP18〔2012年〕で設定するとした）。

ダーバン合意を受けて，COP19（2013年）は，2020年以降の枠組みに向けて，すべての国に対して自主的に決定する約束草案を国内で準備し，草案をCOP21（2015年）までに示すように招請した（⇒118頁，2015年7月「日本の約束草案」）。その後，約束草案は，条約目的（2条に定める温室効果ガスの濃度の安定化）を達成するために現在よりも進んだ内容にすること，新たな枠組みの交渉テキスト案の要素（緩和，適応，資金，技術開発・移転，行動と支援の透明性等）について更なる検討を行うこと等が決定された。こうしてCOP21（2015年）で新たな法的枠組みとしてパリ協定が採択された（2016年発効）。

パリ協定においては，世界の平均気温の上昇を産業革命以前よりも摂氏2度未満に抑制し，摂氏1.5度まで制限する努力を継続することを世界全体の目標とし（2条1），すべての締約国は，自国が決定する削減目標を作成し緩和に関する国内措置を遂行すること，5年ごとに削減目標を締約国会議に通報し（4条2・4条9），定期的に報告する進捗状況は技術専門家による検討を受けることに合意した（13条7・13条11）。

## 3 日本の温暖化対策法

気候変動枠組条約の当事国として，日本は1998年に「地球温暖化対策の推進に関する法律」（温暖化対策法）を制定した（2002年改正）。この法律は京都議定書の実施を確保する国内法であり，議定書の目標を達成するための計画の策定，計画実施に必要な国内体制の整備，GHGの排出抑制などの具体策，森林整備などによるGHGの吸収源対策，京都メカニズムを活用する国内制度のあり方など，を定めるものである。

日本は，2002年に京都議定書の第一約束期間（2008～2012年度）における温室効果ガス排出量を，基準年（原則1990年）比で6％削減するために，計画的な温暖化対策（「京都議定書目標達成計画」）を実行し，同期間中の総排出量は，森林などの吸収源と京都メカニズムによるクレジットを算入した結果，基準年比8.7％減となり，議定書の目標は達成された。

2013年以降の京都議定書第二約束期間に日本は参加しなかった。しかし，2013年以降，新たな法的文書が発効する2020年までの間は，カンクン合意（COP16，2010年）とCOPが定める実施規則に従い，提出した目標等の達成に関する進捗状況（温室効果ガス排出の傾向や削減目標達成のための施策，その効果と進捗状況，資金や技術などの途上国支援）について2年に1度報告し，専門家の審査を受けて，地球温暖化対策に取り組んでいる（なお，2011年の東日本大震災の発生などを理由に，2020年度の削減目標は2005年度比3.8%削減とした。2013年11月条約事務局に登録。以上の経緯について「地球温暖化対策計画」2016年5月13日閣議決定を参照）。

COP19（2013年）の招請を受けて，日本は，2030年度に2013年度比26%削減（2005年度比25.4%削減）という目標を決定した（2015年7月「日本の約束草案」）。その後，2020年以降の温室効果ガス排出の削減に向けて，パリ協定が採択されたため（2015年12月），その発効（2016年11月）に備えて，上記目標を実現するため，温暖化対策法に基づく「地球温暖化対策計画」を策定した（2016年5月）。この計画は温暖化対策を推進するわが国の基本的な姿勢と削減目標達成に向けた具体的な対策・施策を定めるものである（⇒図表3-3）。

わが国は，国際的な協調および科学的知見に基づいて，①国内の排出削減量や吸収量を確保して，上記の中期目標（2030年度26%減）を達成すること，②パリ協定に基づいて世界全体の削減に貢献する長期的目標（2050年度80%減），さらにこれに関連して，③温暖化対策と経済成長を両立させる革新的技術の開発にも率先して取り組むという基本計画である。

図表3-3　地球温暖化対策計画の概要（2016年）

〈第1章　地球温暖化対策推進の基本的方向〉

■目指すべき方向
①中期目標（2030年度26％減）の達成に向けた取組
②長期的な目標（2050年80％減を目指す）を見据えた戦略的取組
③世界の温室効果ガスの削減に向けた取組
■基本的考え方
①環境・経済・社会の統合的向上
②「日本の約束草案」に掲げられた対策の着実な実行
③パリ協定への対応
（略）

〈第2章　温室効果ガス削減目標〉

■我が国の温室効果ガス削減目標
・2030年度に2013年度比で26％減（2005年度比25.4％減）
・2020年度においては2005年度比3.8％減以上
■計画期間
・閣議決定の日から2030年度まで

〈第3章　目標達成のための対策・施策〉

■国，地方公共団体，事業者及び国民の基本的役割
■地球温暖化対策・施策
○エネルギー起源$CO_2$対策
・部門別（産業・民生・運輸・エネ転）の対策
○非エネルギー起源$CO_2$，メタン，一酸化二窒素対策
○代替フロン等4ガス対策
○温室効果ガス吸収源対策
（略）
■公的機関における取組
■地方公共団体が講ずべき措置等に関する基本的事項
■特に排出量の多い事業者に期待される事項
■国民運動の展開
■海外での削減の推進と国際連携の確保，国際協力の推進
・パリ協定に関する対応
・我が国の貢献による海外における削減
→二国間クレジット制度（JCM）
（略）

〈第4章　進捗管理方法等〉

■地球温暖化対策計画の進捗管理
・毎年進捗点検，少なくとも3年ごとに計画見直しを検討

（環境省『地球温暖化対策計画の概要』（平成28年5月），一部省略）

図表 3-4　二国間クレジット制度（JCM）

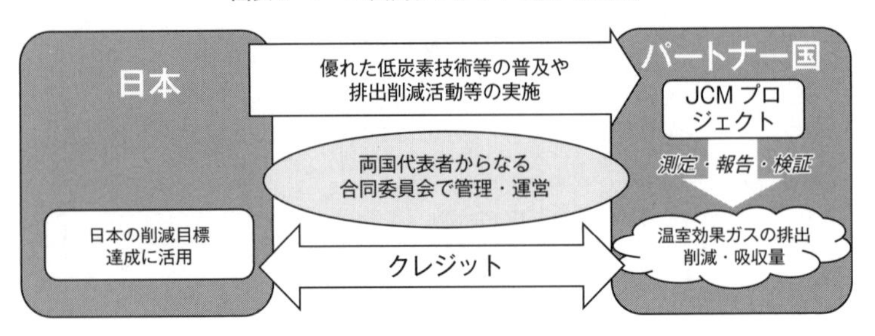


・途上国の持続可能な開発に貢献
・日本国の削減目標の達成に活用
・国連気候変動枠組条約の究極的な目的の達成に貢献
・日本は 17 か国（モンゴル，バングラデシュ，エチオピア，ケニア，モルディブ，ベトナム，ラオス，インドネシア，コスタリカ，パラオ，カンボジア，メキシコ，サウジアラビア，チリ，ミャンマー，タイ，フィリピン）と JCM を構築（2019 年 6 月時点）

（外務省ウェブサイト）

気候変動対策には「緩和」と「適応」という二つの対策が必要である。緩和は，温室効果ガスの排出を削減・吸収する対策を行うことであり，適応は，気候変動への適応能力の向上であり，一般にはすでに起こりつつある悪影響を防止・軽減するための備えを意味する（パリ協定 4 条，7 条参照）。温暖化対策において両者は相互補完の関係にある（「地球温暖化対策計画」第 2 章～第 3 章）。わが国が取り組む緩和策として途上国における地熱発電所の建設，途上国と協力して削減に取り組む二国間クレジット制度（JCM）の活用（⇒**図表 3-4**），適応策として途上国における人材養成計画の実施，途上国の緩和と適応を支援する GCF（緑の気候基金）への拠出が注目される。

### 温暖化対策として期待された原子力と再エネ

2009年度に日本で発電された電力のエネルギー源は，化石燃料（石炭，天然ガス，石油等）が約6割であり，原子力が約3割，水力が1割弱，そして新エネルギーに至っては，1％余りである（エネルギー白書2010，176頁より）。オイルショックを経験して以来，エネルギー源を多様化して石油への依存を減らすために，1980年に制定された代エネ法（石油代替エネルギーの開発及び導入の促進に関する法律）に基づいて石油代替エネルギーの導入が図られ，原子力，石炭，天然ガス，水力，地熱，太陽光の利用の拡大がなされてきた。なお，この法律は2009年に改正され，「非化石エネルギーの開発及び導入の促進に関する法律」と改名され，石油・石炭・天然ガスを使用しないエネルギーの開発と導入を目的とするものとなった。

地球温暖化問題が認識されるようになり，温室効果ガスである$CO_2$を比較的多く排出する石炭火力発電所の増加も問題視されるようになり，発電過程で$CO_2$を排出しない原子力発電に対して期待が高まっていた。太陽光発電や風力発電のような再生可能エネルギーも，$CO_2$の排出が伴わないので，RPS制度や太陽光発電の余剰電力の固定価格買取制度により推進のための努力が続けられていたが，そのボリュームは，全発電量の1％ほどでしかなかった。そこで，原子力発電の拡大により，電力需要に応えながら$CO_2$の排出を削減することが政策の基本となっていた。地球温暖化への切り札としての原子力発電への期待は，世界的に醸成されていて，安全問題から原発の新増設が停滞していたアメリカやフィンランドを含む世界の多くの国で，エネルギーの安定供給と温暖化対策のために，原子力発電に回帰する動きがみられていた（原子力ルネサンス）。しかし，福島第一原発事故後には，原子力の推進に逆風が吹いており，再生可能エネルギーによる発電のさらなる推進により，発電量のボリュームを増大させることに関心が集まっている。日本でも，再生可能エネルギー法が成立して，太陽光発電に限定せず再生可能エネルギーによって発電された電力の固定価格買取を電力会社に義務づけた（feed-in tariff）。

その成果もあり，2016年には，総発電量に占める再生可能エネルギー比率は6.9％となり大規模水力発電と合わせて，約15％を占めるに至っている。また，固定価格買取期間が終了した再生可能エネルギー発電施設（卒FIT）の動向や昨今進められてきた電力市場改革が，今後の再生可能エネルギーの進展に影響を与える。再生可能エネルギーのコストの低下に伴い，石炭を含めた火力発電による電力の市場競争力の低下が，今後，社会問題化することも懸念されている。

# 参考文献

## 第1節・第2節


◎日本の公害環境問題の歴史を概観するものとして

＊阿部泰隆＝淡路剛久編『環境法〔第4版〕』（有斐閣・2011）1頁以下

＊大塚直『環境法〔第3版〕』（有斐閣・2010）3頁以下

＊吉村良一『公害・環境私法の展開と今日的課題』（法律文化社・2002）3頁以下，103頁以下

◎大気汚染に対する規制に関するより詳細な説明をする概説書として

＊大塚直『環境法〔第3版〕』（有斐閣・2010）332頁以下

＊阿部泰隆＝淡路剛久編『環境法〔第4版〕』（有斐閣・2011）189頁以下

＊大塚直『環境法BASIC〔第2版〕』（有斐閣・2016）154頁以下

＊北村喜宣『環境法〔第3版〕』（弘文堂・2017）374頁以下

◎大気汚染を中心とする公害訴訟と共同不法行為論に関するものとして

＊吉村良一『公害・環境私法の展開と今日的課題』（法律文化社・2002）247頁以下


## 第3節


◎温暖化に関する条約制度の成立と課題について

＊西井正弘「気候変動枠組条約 京都議定書」法教252号（2001）

＊西井正弘「国連気候変動枠組条約および京都議定書」西井正弘＝臼杵知史編『テキスト国際環境法』（有信堂・2011）所収

◎京都議定書の実際の運用に関する検討として

＊大塚直『国内排出枠取引制度と温暖化対策』（岩波書店・2011）

＊髙村ゆかり＝島村健「地球温暖化に関する条約の国内実施」論ジュリ7号（2013）11頁

＊髙村ゆかり＝亀山康子編『地球温暖化交渉の行方』（大学図書・2005）

◎地球温暖化の実態と対策に関する一般的な検討として

＊環境法政策学会編『転機を迎える温暖化対策と環境法　課題と展望』（商事法務・2018）

＊大塚直編著『地球温暖化をめぐる法政策』（昭和堂・2004）

# 第4章　原子力の利用と安全確保

2011年3月の福島第一原発事故により原子力安全に対する関心が高まりをみせているが，法律学を学ぶ者として，まずは原子力をめぐる法制度の全体像を説明できるようになりたいものである。それには，原子力基本法や原子炉等規制法などの国内法の理念や仕組みを理解するだけでなく，原子力の軍事転用の阻止，原子力の安全性の確保，それに核テロに対する防護などに関する国際的な取組みを知ることが必要である。読者はどうか国際的な枠組みと国内法がどのような関係に立つかという視点をもって読み進めてほしい。法制度の全体像がつかめれば，原発訴訟の論点や原子力損害賠償の問題点について理解を深めることができるはずである。

## 1　原子力安全に関する国際的な取組み

### 原子力ルネサンス

最近の国際社会では，原子力発電回帰の動きが高まっている。特にアジア諸国ではその傾向が顕著である。福島第一原発事故後の日本はともかく，原子力発電は，韓国，中国，台湾，インドで国内のエネルギー供給に重要な役割を占めている。これらの国に加えて，インドネシアでもその導入が計画されている。今や東アジアは，世界の中でも原子力発電の導入とその利用が最も活発な地域となっている。

### 原子力の平和利用と3S

原子力の平和利用を目指す国家は，①その軍事転用を防ぐための核不拡散，②原子力事故の発生を防止するための原子力安全，そして③核テロを防止し核に対して社会の安寧・秩序を確保することが要求されている。核の平和利用は人類の利益に貢献するが，他方，その利用の仕方によっては軍事目的に転用されうるし，また国際社会では核テロが発生する危険性が常に伴うからである。

原子力をめぐる国際問題については，上記①の核拡散を防止する保障措置（safeguards），②の原子力安全（safety），③の核テロに対する保安措置（security）に区別して議論する必要がある。日本はかつて「3Sに基づく原子力エネルギーの基盤整備」に関する国際協力を提案した（2008年北海道洞爺湖サミット）。以下，原子力安全と環境の関係を中心に，国際社会におけるこれまでの取組みについて概観する。

### 原子力の安全に関する条約

1986年のチェルノブイリ原発事故の発生を契機に，旧ソ連および中・東欧諸国における原子力発電所の安全性が問題となり，その安全確保のための国際的枠組みを構築する必要から1994年「原子力の安全に関する条約」が締結された。この条約の目的は，国内措置および国際協力を通して原子力の高い水準の安全を世界的に達成することである（1条）。締約国の管轄内にある陸上に設置された民生用の原子力発電所の安全を確保するため，締約国は，自国の国内法の枠組みのなかで，この条約に定める次のような事項を確保する義務を負い，それを履行するのに必要な法令上，行政上その他の措置をとる（2条・3条・4条）。例えば，十分な数の職員が原子力施設の供用期間中に利用可能であること（11条），原子力施設の建設前・試運転前および供用期間中に安全に関する包括的かつ体系的な評価が実施されること（14条），作業員および公衆が原子力施設に起因する放射線にさらされる程度が合理的に達成可能な限り低く維持されること（15条），原子力施設の敷地内や敷地外の緊急事態計画が準備されること（16条），原子力施設の最初の運転許可が適切な安全解析や運転計画に基づいて与えられること（19条）等である。

いずれの事項についても締約国は「適切な措置をとること」が要求されるにとどまるが（「安全に関する一般的な考慮」），条約義務を履行するためにとられた締約国の措置は，IAEA（国際原子力機関）に提出され，締約国による検討会合で検討される（5条・20条；ピアレビューによる履行確保）。

### Column㉘ IAEA

国際原子力機関（IAEA = International Atomic Energy Agency）は，平和のための原子力利用（Atoms for Peace）を促進するために，1957年に設置された国連と密接な関係を持つ国際機関である。原子力発電の促進と同時に，核物質が軍事目的に利用されることを未然に阻止することを主要な目的とする。1970年に核拡散防止条約（NPT = Treaty on the Non-Proliferation of Nuclear Weapons）が発効してからは，軍事転用の防止のための保障措置として，IAEAは非核保有国に対して原子力活動に対する査察を行っている。また，非核保有国はIAEAに対してすべての核物質について報告義務を負う。IAEAは，その他に，原子力研究のための情報交換や協力，人の健康に対する危険の最小化のための安全基準の設定も行っている。

### 放射性廃棄物等安全管理条約

1994年IAEA総会において放射性廃棄物管理の安全に関する基本原則を定める条約を早期に検討することが決議され，1997年に「使用済燃料管理及び放射性廃棄物管理の安全に関する条約」が締結された。この条約は民生用の原子炉の運転から発生する使用済燃料と放射性廃棄物について適用される（3条）。例えば，原子力発電所の運転に伴う廃棄物およびそこで使用されていた核燃料等，広い範囲の廃棄物と使用済燃料が対象となる。締約国はこれらの管理の安全を確保するため，使用済燃料管理施設および放射性廃棄物管理施設の立地，設計および建設，安全に関する評価ならびに施設の使用の各段階において「適当な措置をとる」義務を負う（4条～9条・12条～16条）。これらの義務を履行するため，締約国は必要な法令上，行政上その他の措置をとり，安全を規律するための国内法を制定・維持し，これを実施する規制機関を設けるかまたは指定する（19条・20条）。国境を越える使用済燃料や放射性廃棄物の移動については，仕向国への事前通報が要求され，仕向国の同意がある場合にのみ認められる（27条）。また，使用済燃料と放射性廃棄物のそれぞれの管理に際して，放射線による危険から個人，社会および環境を適切に保護することを確保するための適切な措置を締約国に要求している（4条・11条）。この安全に関する一般的な要件は，IAEA等が定める国際基準に妥当な考慮を払って，各締約国の国内法に導入される（4条・11条）。原子力安全条約と同様に，締約国はこの条約上の義務を履行するためにとった措置を報告しなければならない。その報告を検討する会合が開催され（30条），管理の安全性のレベルが低い場合には締約国に対して改善要求が行われる。

### 原子力事故に関する二つの条約

1986年のチェルノブイリ原発事故の直後に，原子力事故による被害の拡大を防止し，その悪影響を最小限に止めるため，次の二つの条約が締結された。一つは，1986年「原子力事故の早期通報に関する条約」であり，国境を越える影響を伴う事故が発生する場合に，影響を受ける可能性のある諸国は事故に関する情報（例えば，事故原因，放出される放射能，拡散予測等の情報）を事故発生国から早期に入手できる。もう一つは，1986年「原子力事故又は放射線緊急事態の場合における援助に関する条約」（原子力事故相互援助条約）である。これは原子力事故の発生時に援助の提供を容易にするための国際的枠組みを定めるものであり，上記の原子力事故早期通報条約と同様に，事故による影響を最小限にとどめることを目的とする。締約国は必要に応じて，事故発生国を含む他の諸国に援助を要求できるが，援助要請を受けた国は援助する義務を負わない。

東日本大震災（2011年3月）によって東京電力福島第一原子力発電所の事故が発生し，電力会社は高濃度放射性排水の貯蔵場所を確保するため，政府の許可を得て低濃度放射性排水を海洋に放出した。韓国はその悪影響を受ける危険を懸念し，放出は早期に通報されなければならないという意見を表明したが，日本政府は汚染水の放出は国境を越えて影響を与えるものではないとし，上記原子力事故早期通報条約上の通報義務（2条）が生じる場合には当たらないと判断した（2011年4月8日松本剛明外務大臣会見）。

### 原子力損害賠償に関する条約

原子力事故による損害は事故発生地国のみならず，他の諸国にも及ぶ可能性があり，その被害者に対する公平な賠償を確保するため国際的に統一された規則が必要となる。そのような規則を設けるいくつかの原子力損害賠償条約が締結されている。一つは，OECD/NEA 主導のパリ条約（1960年「原子力の分野における第三者責任に関するパリ条約」）である。これは，原子力施設の事業者の無過失責任を定める。ただし，軍事紛争，敵対行為，内乱，暴動および例外的規模の天災を直接の原因とする原子力事故について，事業者は免責される。事業者は原子力事故を原因とする人身損害および財産損害に対して賠償する責任を負う。賠償額には上限が設定されるが，締約国は国内法でその額を超える額を設定したり，または少ない額を設定することもできる。賠償請求の期間は事故発生から10年以内に限定される。賠償責任をカバーする保険等の損害賠償措置を事業者に義務づける。裁判管轄権は事故発生国の裁判所に一元化されている（なお，賠償総額を3億SDRとする1963年ブリュッセル補足条約〔パリ条約を補足する条約〕，2004年パリ条約改正議定書およびブリュッセル補足条約改正議定書が採択された。前者の改正議定書は賠償額を引き上げ，環境損害・損害防止措置費用・逸失利益等もカバーする。後者の改正議定書も賠償額の上限を引き上げた）。

他の一つの主要な条約は，IAEA 主導のウィーン条約（1963年「原子力損害の民事責任に関するウィーン条約」）である。この条約も事業者の無過失責任を規定する。免責事由，賠償の対象となる損害の範囲，賠償責任額の上限の設定，賠償請求期間の設定，裁判管轄権の一元化等についても，パリ条約と同様である。1997年には賠償額を引き上げ，環境損害・損害防止措置費用・逸失利益等もカバーするウィーン条約改正議定書が締結された。また，チェルノブイリ原発事故後の1988年に，パリ条約とウィーン条約をリンクさせる共同議定書が締結され，パリ条約，ウィーン条約のいずれかおよび共同議定書の締約国は，他方の条約および共同議定書の他の締約国との関係において，同じ条約の締約国としての扱いを受ける。

日本はこれらの損害賠償条約のいずれにも加入していない。ただし，上記の諸条約に定める共通の原則（事業者の無過失賠償責任，賠償責任の事業者への集中，保険契約締結等の賠償措置の事業者への強制，賠償額超過の原子力損害等への国の補充措置）は，その国内法（「原子力損害の賠償に関する法律」）で採用されている。問題は日本が加害国となった場合の裁判管轄権であり，日本が条約に加入しない限り，他国の裁判所における民事訴訟が提起され，それに伴う多様な不利益（過大な賠償請求，訴訟費用など）が想定された。

わが国は上記二つの条約とは異なる「原子力損害の補完的な補償に関する条約」（CSC）に加入した（2015年）。この条約は，ウィーン条約もしくはパリ条約のいずれかを実施する（またはこの条約の附属書に適合する）国内法に従う各締約国の賠償または補償の制度を補完することを目的とし（2条），締約国の領域内で生じる原子力損害，領海を越える海域（その上空）で生じる一定の原子力損害，排他的経済水域（とその上空）または大陸棚の資源開発等に関連して生じる原子力損害に適用される（5条）。原子力損害に関する訴訟の裁判管轄権を事故発生国に集中し（13条），原子力施設の事業者は無過失賠償責任を負う（附属書3条3）。原子力施設内の原子力事故について，賠償責任は事業者に集中し（同3条1），締約国（施設国）は一定額（3億SDR）以上の金額が利用可能であることを確保する義務を負う（条約3条1）。被害者には事業者から公平な賠償または補償が分配される（3条2）。原子力損害が一定額を超える場合には，締約国はその拠出金（公的資金）によって事故発生国における賠償を補完して補償する（3条1(b)）。

## 2 原子力安全神話のゆらぎ

2011年3月11日の東日本大震災と津波によって引き起こされた福島第一原子力発電所の炉心融溶と水素爆発による広範囲にわたる放射能汚染によって，半径20km以内の警戒区域の住民と，その外部でも放射線量の高い区域の住民は避難を強いられた。また，これらの地域の事業活動の多くも，放棄を余儀なくされた。さらに，放射性物質は，風に乗って遠方まで運ばれ，放射性物質による土壌汚染を引き起こし，甚大な農業被害を発生させた。また，地上に堆積した放射性物質による被曝や食物を通じて摂取された放射性物質による内部被曝が，特に放射線被曝による健康リスクの高い子どもについて，人々に不安を与えている。

福島第一原発事故は，原子炉爆発により大量の放射性物質が大気中に放出された1986年の旧ソ連のチェルノブイリ原発事故と同レベルの事故であると評価されている。このようなカタストロフィーともいえる事故に直面して，「原子力の安全神話」も崩壊し，脱原発の意見も強まっている。

## 3 日本の原子力政策のあゆみ

日本の原子力政策の根幹は，1955年に制定された原子力基本法に規定されている。そこでは，「原子力利用は，平和の目的に限り，安全の確保を旨として」行われるものとされている（2条)。被爆国であり，反原発運動も根強く存在したが，2010 年 12 月末時点では，54 基の原子力発電所が運転中（平成 21 年版原子力白書による）で，稼働中の原子炉数はアメリカ，フランスに次いで世界 3 位という原子力大国となっていた。

原子力発電は国策として推進され，原子力発電所の立地を促進するために，電源三法（電源開発促進税法，特別会計に関する法律〔旧・電源開発促進対策特別会計法〕，発電用施設周辺地域整備法）に基づいて，高額の補助金・交付金が地元の自治体に交付されてきた。また，2000 年には，「原子力発電施設等立地地域の振興に関する特別措置法」も制定されている。これらの補助金・交付金の費用，使用済み核燃料の処理・保管費用，および事故時の損害賠償等費用を適正に発電費用に反映させて，原子力発電のコストを計算することが必要である。

化石燃料に比べて少ない量で大量の発電を可能とするウランも，確認されている可採埋蔵量は 100 年分ほどであり，使用済みの核燃料を再処理してリサイクルすることが目指された。この核燃料リサイクルの仕組みを，核燃料サイクルという。使用済み核燃料からプルトニウムを回収してウランと混ぜた混合酸化物（MOX）燃料に加工して，原子炉で再び燃料として使用するプルサーマルが，玄海原発，伊方原発などで実施されていた。さらに，核燃料サイクルの本命として期待されたのは，高速増殖炉の技術であった。これは，核分裂しないウラン 238 を原子炉内での核分裂のプロセスでプルトニウムに変換し，これを燃料として発電する技術であり，通常の軽水炉型の原子炉に比べて数倍のエネルギーを獲得できる技術である。しかし，1995 年に高速増殖原型炉のもんじゅがナトリウム漏れ事故を起こして，計画は行き詰まった。もんじゅは 2016 年に廃炉が決定され，現在，廃炉作業が行われている。核燃料サイクルの中で，使用済み核燃料の再処理が重要なポイントとなるが，国内にも茨城県東海村と青森県六ヶ所村に再処理施設が設置されている。

第 4 次エネルギー基本計画（2014 年）では，原子力は「安全性の確保を大前提に，エネルギー需給構造の安定性に寄与する重要なベースロード電源である」と位置付けられ，第 5 次エネルギー基本計画（2018 年）でも踏襲された。

### Column㉙　放射性廃棄物の地層処分

使用済核燃料を再処理・再利用する核燃料サイクルが推進されているが，それでも最終処分すべき高レベル放射性廃棄物が残ってしまう。これを，放射性レベルが低くなるまで，人々の生活環境から数万年にわたって隔離する必要がある。海底や宇宙で処分するなど様々な方法の中で，深い地層の安定した岩盤に閉じ込める地層処分が選択された。2000 年制定の「特定放射性廃棄物の最終処分に関する法律」は，「最終処分」について，「地下 300 メートル以上の政令で定める深さの地層において，特定放射性廃棄物及びこれによって汚染された物が飛散し，流出し，又は地下に浸透することがないように必要な措置を講じて安全かつ確実に埋設することにより，特定放射性廃棄物を最終的に処分することをいう」（2 条 2 項）と定義し，最終処分場の選定・設置等の手続について規定している。放射性レベルの高い廃液をガラス原料と融かし合わせてステンレス製容器の中で固めて，地層処分施設に運んで処分する。すでに国内で発生した使用済核燃料から換算すると，約 2 万 5000 本分が見込まれている。原子力発電環境整備機構（NUMO）が地層処分事業を担当している。処分地選定調査に向けて，科学的特性マップが 2017 年に公表された。

## 4 原子力発電所の安全規制の仕組み

発電用原子炉の規制は，原子炉等規制法に基づいて，原子力規制委員会が行う。福島第一原発事故当時は，原子力推進を任務とする経済産業省の外局である資源エネルギー庁に置かれた原子力安全・保安院が原子力規制を担っていたが，推進と規制の分離を実現するために，原子力安全・保安院と原子力安全委員会を統合して，原子力規制委員会が環境省の外局として設置された。その事務局が，原子力規制庁である。原子力規制委員会設置法の制定に付随して，原子炉等規制法にも重要な改正がいくつも加えられた。たとえば，従前は発電用原子炉の規制の多くの部分が電気事業法によってなされる二元的構造を有していたのであるが，原子炉等規制法に一元化された。また，原子力の安全神話を放棄して過酷事故の可能性を認めた上で，多重防護の思想でリスクを制御する仕組みが取り入れられた。同法1条の目的規定にも，「大規模な自然災害及びテロリズムその他の犯罪行為の発生も想定した必要な規制を行う」ことが規定されている。

原子炉施設の安全にかかわる科学的・技術的知見も刻々と進歩しており，規制の基準もこれを反映して改良されてきている。既存の原子炉施設にも最新の知見に基づく安全規制基準への適合を要求することが，原子力発電所の安全性を高めることに有用である。既存施設に最新の基準を適用することはバックフィットと呼ばれるが，原子炉等規制法43条の3の14は，「発電用原子炉設置者は，発電用原子炉施設を原子力規制委員会規則で定める技術上の基準に適合

図表 4－1　発電用原子炉の段階的規制

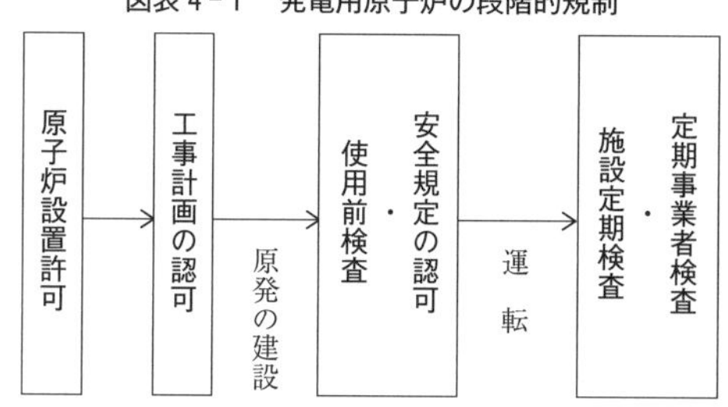


するように維持しなければならない」と規定し，バックフィット制度を導入した。既存原子炉施設について，新しい基準に適合するために改造が必要となり，原子力規制委員会の審査をパスしなければ再稼働ができなくなった。古い原子炉施設は新しい原子炉施設に比べてリスクが高いので，原子炉の運転期間も原則 40 年間に制限された。

発電用原子炉の規制は，いくつかのポイントに分節化して段階的に行われる（⇒**図表 4－1**）。最も重要なのは，原子炉の基本設計について審査する原子炉の設置許可である。設置許可を受けて建設工事に着手する前に，施設の詳細を定めた工事計画の認可を受ける。工事完成後に使用前検査を受けて，合格しなければならない。運転開始前に，保安規定について認可を受けなければならない。運転開始後も，一定期間後に原子力規制委員会による定期検査を受けるとともに，事業者自身による定期事業者検査も義務づけられている。

## Column㉚ 伊方原発訴訟ともんじゅ判決

伊方原発訴訟最高裁判決（最判平成 4・10・29）は，原子炉設置許可の司法審査スタイルを確立した判決である。法律によって段階的審査が採用されているので，原子炉の設置許可では基本設計についてのみ審査されるのであり，詳細設計における瑕疵や使用済み核燃料の問題は審査対象にならないとした。これに依拠したのがもんじゅ訴訟最高裁判決（最判平成17・5・30）であり，ナトリウム漏れ事故に備えた設備の構造は詳細設計にかかわることで基本設計ではないという行政の主張を受け入れて原子炉設置許可は違法でないとした。伊方原発判決は，「現在の科学技術水準」に照らして原子炉設置許可の適法性が判断されるべきとし，バックフィット制度につながるものとしても注目される。

## 5 原子力損害賠償の制度

原子炉の運転等によって発生した原子力損害の賠償については，民法の不法行為に対する特別法として，「原子力損害の賠償に関する法律」が制定されている（原賠1条・2条2項参照)。以下，同法の三つの特色を説明しながら，福島第一原発事故との関係にも触れる。

⑴　第1に，**無過失責任**を規定しているが，異常に巨大な天災地変または社会的動乱については免責をしている（3条1項)。

福島第一原発事故では，この免責規定の適用を受けるかどうかが問題となったが，政府は免責の対象とならないとする立場をとっている（スマトラ沖大地震など近年マグニチュード9を超える巨大地震がいくつか発生しており，東日本大震災が1900年以降の世界の地震で4番目の規模であることが一つの背景にあろう)。

⑵　第2に，事業者への**責任集中**（4条）がされている。例えば，原子力発電所の事故については，原子力事業者のみを被告にして訴

えることになり，原子炉に原因があっても原子炉メーカーを訴えることはできない。また，原子力事業者から原子炉メーカーに求償することもできない（5条1項は故意によるときは求償を認める）。これは，①原子炉メーカーなど原子力事業者に機材を供給する者が責任を負わずに済むようにしてその地位を安定させることで供給に支障が生じないようにするとともに，②被害者が損害賠償を請求する際の便宜を図る（原因者究明の負担を負わずに済む）面もある。

この規定で国の規制権限不行使による国家賠償法1条の責任まで排除されるか否かが問題となっている（文言上は免責されるという解釈もできるが，上記①②の趣旨からは免責されない解釈になろう。前橋地判平29・3・17は憲法17条の原則から免責を否定した）。

(3) 第3に，原子力事業者は責任の履行を担保するために，**強制保険**（原賠8条）に加入することになっている。事故の種類によるが，**賠償措置額**として1サイト当たり最大1200億円（2009年改正で600億円から増額）が保険でカバーされている。カバーされない部分についても，原子力事業者は**無限責任**を負っているが，必要に応じて，国からの補償（10条）や援助（16条）によって補われる。

1999年9月の東海村のJCO臨界事故では，核燃料加工事業の当時の賠償措置額が10億円であるのに対し，茨城県による損害の初期見積りが約150億円であった（この見積りは結果として非常に正確であった）が，事故原因がずさんで国の援助が期待できない状況にあったことから，茨城県や東海村が親会社の住友金属鉱山に働きかけをして，同会社がJCOとともに補償を行うことになった。

福島第一原発事故では，少なくとも4.5兆円の損害賠償額（2013年3月までで）が見込まれたため，確実で円滑な賠償がされるべく，二つの新規立法がされた。①原子力損害賠償支援機構法（現在は原子力損害賠償・廃炉等支援機構法）は，政府からの出資や原子力事業者（電力会社）からの出資・負担金で運営される原子力損害賠償・廃炉等支援機構が，賠償措置額を超える原子力損害が発生した場合に，原子力事業者が賠償するための資金援助をするものである。この法律は今回の事故に限らない一般的な枠組みであるのに対し，②原子力損害賠償仮払い法（「平成23年原子力事故による被害に係る緊急措置に関する法律」）は，今回の事故で東京電力が支払うべき賠償金を国が迅速に仮払いをするものである。東京電力が2019年10月までに住民等に支払った賠償金は約9.2兆円である。

### *Column*㉛　JCO臨界事故・福島第一原発事故と損害賠償

原賠法は，原子炉の運転等によって発生した損害（原子力損害）を賠償の対象とするが，賠償されるべき損害項目や範囲については特に規定しておらず，一般法としての民法の不法行為法が適用されることになる。したがって，事故と相当因果関係が認められる財産的損害および精神的損害が賠償の対象となる。

JCO臨界事故では，政府が設置した検討会により，賠償交渉のためのガイドラインが示され，営業損害については，場所的区分（屋内退避勧告区域内，茨城県内など）と時的区分（事故収束の周知徹底がされた1999年11月まで）が目安とされた。

福島第一原発事故では，その後改正された原子力損害賠償法18条2項2号に基づき，原子力損害賠償紛争審査会が賠償すべき損害に関する指針を検討し，2011年8月に中間指針が公表された。場所的区分や事業の種類等に応じた類型化による基準が示されているが，営業損害について事故の完全収束による時的区分をすることができない点がJCO臨界事故とは大きく異なる。

この中間指針では，①風評損害についても，平均的一般人の心理として敬遠する心理が合理的な場合には賠償範囲とされた点，②除染費用（原状回復費用）が当該財産の客観的価値の範囲内で対象とされた点，③避難生活による精神的損害が認められた点（JCO 臨界事故のガイドラインでは，身体障害を伴わない精神的損害は賠償の対象とされなかった）などが注目される。その後出された四つの中間指針追補の中では，帰宅困難区域の土地家屋に生じた損害（全損）について，市場価値にとどまらず，再取得に要する費用をも考慮した算定基準を示した点（2013 年 12 月，第 4 次追補）が画期的である。

現在，原子力損害賠償紛争審査会の下の原子力損害賠償紛争解決センターが和解の仲介を行っている（原賠 18 条 2 項 1 号に基づく）。

近時の裁判例では，原発事故で生活基盤を失った住民について平穏生活権の侵害が認められた事例（前橋地判平 29・3・17〔制限的〕，京都地判平 30・3・15〔かなり包括的〕など）や，原発事故で操業停止した工場との緊密かつ特殊な関係から取引先の一定期間の逸失利益等について相当因果関係が認められた事例（大阪地判平 27・9・16）が注目される。

なお，原発の差止めの問題については，第 8 章 **1** [4]「環境民事訴訟の具体例」の「原子力」（⇒ 258 頁）参照。

## 参考文献

### 第1節

◎原子力の平和利用，損害賠償に関する国際条約について

＊魏栢良『原子力の国際管理』（法律文化社・2009）
＊城山英明＝児矢野マリ「原子力の平和利用の安全に関する条約等の国内実施」論ジュリ7号（2013）57頁

### 第2節

◎原子力に対する期待について

＊『平成21年版原子力白書（原子力利用の新しい時代の始まりに向けて）』（原子力委員会・2010）

### 第3節

◎原子力政策について

＊神田啓治＝中込良廣編『原子力政策学』（京都大学学術出版会・2009）

### 第4節

◎原子力安全規制と訴訟について

＊海渡雄一『原発訴訟』（岩波新書・2011）
＊連載「原発問題から検証する公法理論」法時89巻11号〜91巻3号（2017〜2019）

### 第5節

◎東海村JCO臨界事故と損害賠償論に関して

＊大塚直「東海村臨界事故と損害賠償」ジュリ1186号（2000）36頁

◎福島第一原発事故と損害賠償論に関して

＊野村豊弘「原子力事故による損害賠償の仕組みと福島第一原発事故」ジュリ1427号（2011）118頁
＊大塚直「福島第一原子力発電所事故による損害賠償」法時83巻11号（2011）48頁
＊大塚直「福島第一原発事故による損害賠償と賠償支援機構法」ジュリ1433号（2011）39頁
＊高橋滋＝大塚直編『震災・原発事故と環境法』（民事法研究会・2013）
＊淡路剛久＝吉村良一＝除本理史編『福島原発事故賠償の研究』（日本評論社・2015）
＊淡路剛久監修『原発事故被害回復の法と政策』（日本評論社・2018）
＊若林三奈「原子力損害の賠償に関する法律」能見善久＝加藤新太郎編『論点体系判例民法（8）〔第3版〕』（第一法規・2019）466頁

intermission

# 幕間 1　国内法のルール

## 1　国のルール

### ①　憲法と法律

国の法秩序の頂点に憲法があることは常に認識しておかなければならない。環境法の学習でも，例えば環境権の基礎づけに関わって，憲法の条文（13 条と 25 条）が登場する。憲法の次は法律で，これは国会が作るルールである。国会は国民代表の機関であるから，そこで作られるルールは民主主義に根差したルールだといえる。

### ②　法律と行政立法

法律は法制度の根幹を成すが，法律だけでは制度は動かない。法律よりもランクが下のルールでいろいろな事柄が決められており，それが一体となって法制度を形作っている。そこで，例えば大気汚染防止の法制度を知りたいのであれば，まず大気汚染防止法をみるのは当然として，それ以外に大気汚染防止法施行令，大気汚染防止法施行規則といった名前のルールを調べることが必要になる。

ルールの形式としては，大気汚染防止法施行令は**政令**であり，大気汚染防止法施行規則は**省令**である（昭和 46 年に厚生省・通商産業省令として定められたが，現在は環境省令）。政令や省令は，国会ではなく行政機関が作る法，すなわち**行政立法**（2005 年 6 月に改正された行政手続法では命令という語が用いられている）である。政令の制定は内閣の職務（憲73条6号）であり，省令は各省大臣が発する（国行組12条1項）。環境法の学習者は，これ以外に**告示**（国行組14条1項）という形式も覚えておくとよい。告示には，国道の開通のような事実の周知を図るものもあるが，法律の規定と相まって一つのルールを形成するものもある。

ところで，憲法41条で国会が国の唯一の立法機関とされているのに，なぜ行政立法の存在が認められるのだろうか。その答えは行政法学の学習で学んでいただくとして，実践的には，法律，政令，省令，告示，それぞれこの形式ではこのような事柄が決められるという感覚を身につけることが大切である。

## 2　地方公共団体のルール

### 1　条　　例

日本国憲法は第8章において地方自治を保障し，地方公共団体が法律の範囲内で条例を制定することを認めている（憲94条）。また，地方自治法においても，普通地方公共団体は法令に違反しない限りにおいて条例を制定することができると規定されている（自治14条1項）。条例は，住民代表の機関である地方議会が定めるものであるから，民主主義的な基礎をもつルールということができ，その点で国の法律に類似している。普通地方公共団体は，住民に義務を課し，あるいは住民の権利を制限するときは，条例の形式によらなければならない（同14条2項）。

先述のように条例は法律に違反してはならないのであるが，法律に違反しているかどうかの判断が実はなかなか難しい。

この問題は，条例制定権の限界として憲法や地方自治法の学習で触れることになる。しかし，環境法でも，条例でどこまで地方独自の定めができるかという視点は非常に重要である。なぜなら，環境には地域性が認められるので，地方公共団体としては，全国一律の法制度ではうまく対処することができないという事情があるからである。

### 2 規　則

地方公共団体のルールとしてもう一つ，規則（自治15条）という形式がある。これは，都道府県知事や市町村長が定めるルールである。例えば，環境影響評価条例という条例を実施するための手続や，大気汚染防止法という法律の実施に必要な細かい事柄（例えば行政処分の様式）が規則の形式で定められる。

## 3 行政の内部規範

### 1 要　綱

要綱は，国の行政でも用いられることはあるが，特に地方公共団体の行政において多用される。特定の政策目的を実現するために必要な事項を条文形式でまとめたもので，体裁は条例と変わらない。しかし，条例とは違って，議会にかけないで行政当局限りで定められる。それゆえ，法的性質からいえば行政の内部規範に止まり，住民や裁判官を拘束する力はない。しかし，例えば従来多くの地方公共団体が環境影響評価を要綱で実施してきたことからも理解できるように，しかるべき手続を経た要綱にはそれなりの正統性が認められる。ただ，要綱に基づいて住民に特定の行為を要求した場合，それはあくまで行政指導ということになるから，その実効性は相手方の協力的態度にかかっている（行手32条参照）。

### 2 行政処分の基準

例えば，都道府県知事が森林法に基づく開発許可を与えるかどうか判断する場合，当然何らかの基準が必要になる。その基準はもちろん法律や行政立法（あわせて法令という）に書かれているわけであるが，その内容は一般に抽象的であるから，実際の局面に適用できるような基準を行政内部で定める必要がある。あくまで行政内部の基準にすぎず，国民や裁判所を拘束する力はないけれども，実際には，この基準によって許可がもらえたりもらえなかったりする。そこで，行政手続法はそうした基準を表に出させて意思決定の透明化を図ることにしている（行手5条・12条）。

## 4 自主規制，協定

環境保護に役立つルールとしては，議会や行政が定めるもののほかに，社会の構成員が協議して自発的に定めるルールも検討に値する。町内会，自治会などの取り決めや特定の業界の自主規制などである。こうした社会構成員による自主的な申し合わせには，建築協定（建基69条）や緑地協定（都市緑地45条）のように，法律で制度化されたものもある（⇒228頁）。これらの協定は，行政の認可を受けると，その社会に後から入ってきた人に対しても拘束力をもつに至る（「承継効」⇒228頁）。

intermission

# 幕間2　国際法のルール

## 1 枠組条約方式

枠組条約方式とは，諸国が多数国間の環境保護条約を作成するときの立法テクニックの一つである。まず，地球環境損害に対する懸念が一定程度の根拠によって支持された最初の段階で，条約の基本目的と一般的な損害防止の義務を定める**基本条約**（枠組みとなる条約）を作成する。その後，損害の性質や潜在的な規模に関する科学的知識の進展をまって，当初の一般的な防止義務の内容をさらに精緻・詳細なものに具体化する新たな**議定書**を採択する。さらに，必要に応じて議定書の規制内容を通常の手続よりも簡易な手続で更新する。オゾン層保護ウィーン条約とその議定書，および気候変動枠組条約とその京都議定書はこのような「枠組条約と選択議定書」の組み合わせ方式を採用した。

## 2 環境条約の国内実施

国家は，自国を拘束する国際環境義務を国内で実施しなければならない。国際法は一般にその国内的実施の方法を各国の国内措置に任せる。しかし，個々の条約が，その実施措置の内容や方法を特定することがある。《環境条約を国内で実施するための措置》は，次の三つのレベルに分けることができる。

### 1　国内実施措置の採用

締約国は，条約義務を実施するための措置をその国内で採用しなければならない。そのため，通常，関連の国内法を作成，採択しまたは改正して，行政的その他の措置によって国内の政策，計画または戦略を作成し，実施することになる。他方，条約が締約国に対して，特定の国内実施の措置を命じる場合がある（1998年ロッテルダム条約15条1の可能な実施措置の指示）。

国連海洋法条約の海洋汚染の規定は，異なる汚染源ごとに義務の実施を要求し，条約に合致する国内法の執行および国際的な規則・基準の実施を要求する（国連海洋法条約213条～214条・216条・222条）。また，締約国の管轄下にある人による海洋汚染の損害について，迅速・適切な補償が国内法で可能となるように締約国に要求する（235条2）。条約の国内実施を確保するため，締約国に対して権限のある関係機関（条約実施の国内窓口）を指定するように要求する場合もある（バーゼル条約5条，生物多様性条約のカルタヘナ議定書19条）。

### 2　国内実施措置の遵守および執行

国内実施の措置は，締約国の管轄権および管理に服するもの（私人，私企業を含む）によって実際に遵守されなければ，意味がない。多くの条約は明示的にこのような遵守を確保するように締約国に要求する（1973年ワシントン条約8条1，1996年ロンドン海洋投棄条約改正議定書10条，1995年国連公海漁業実施協定19条）。また，国内措置を実施しない場合の制裁を締約国に求める場合もある（1946年国際捕鯨取締条約9条1・9条3，1972年ロンドン海洋投棄条約7条2，バーゼル条約4条4）。もっとも，この段階における条約の実施は完全でないといわれる。特に途上国の国内法制上の能力を理由とする不遵守については，それを強化するための国際的な技術援助あるいは資金援助などが必要となる。

### ③ 国内実施措置の報告

締約国は，国際義務を実施するための国内措置を条約機関（締約国会議など）に報告しなければならない。環境条約の多くは，条約指定の機関に報告する義務を定める。報告される情報の内容は個々の条約によって異なる。

例えば，輸出入の統計情報（オゾン層モントリオール議定書7条），排出に関する情報（京都議定書7条1），許認可の付与や基準（国際捕鯨取締条約8条1，ロンドン海洋投棄条約6条4，ロンドン海洋投棄条約改正議定書9条4），採用された実施措置に関する情報（世界遺産条約29条1，バーゼル条約13条3(c)，気候変動枠組条約12条1，生物多様性条約のカルタヘナ議定書33条）などである。報告義務を履行する能力をもたない途上国の事態をどのように改善するか，という問題もある（気候変動枠組条約12条7，生物多様性条約20条2参照）。

# 環境法の基礎知識

**写真(上)**：「夕焼け小焼けの　赤とんぼ　負われて見たのは　いつの日か ♫」三木露風作詞，山田耕筰作曲の「赤とんぼ」。口ずさめば郷愁を覚える読者は多いのではないか。外国人でも，トンボ学者にはこの唄を知っている人が多いという。国際トンボ学会の学会歌になっているからである。ところが，今，日本各地で赤トンボの個体数が激減している。写真は，コンクリートの建物が立ち並ぶ地域の近辺に残った湿地帯。赤トンボにとっては格好の生息空間である。いつまでもそこに在ってほしいものだ。(2013年6月22日愛知県日進市にて清水典之氏撮影)

**写真(左下)**：実は「赤トンボ」という種は存在しない。赤いトンボを赤トンボと総称した場合，それを代表するのがアキアカネなどアカネ属のトンボである。写真は，その一種であるコノシメトンボ。(2014年9月7日岐阜県中津川市にて清水典之氏撮影)

# 第5章 環境法の基本原則

本章では，人間の環境との関わり方を方向づける基本原則をいくつか学ぶ。そうした基本原則は，特に1970年代以降，国際社会において徐々に形成されてきた。昨今注目を集めている予防原則はその一例で，環境への有害性が科学的に不確実であっても相応の対策を講ずるべきだとする考え方である。

それ以外に，持続可能性，汚染者負担原則，環境権，情報公開・市民参加およびアセスメントを取り上げる。すでに国内で実定法化されたものに関してはその仕組みを理解し，まだ内容面に見解の不一致が認められるもの，あるいは法原則として全面的な支持の得られていないものについては，そうした不一致や不支持の所以を探る。

## 1 持続可能性

### 環境基本法と「持続可能な開発」

環境基本法は，その基本理念の中で，《環境の恵沢の享受と継承》および《環境への負荷の少ない持続的発展が可能な社会の構築》を挙げている。

すなわち，同3条は，「生態系が微妙な均衡を保つことによって成り立っており」・「人類の存続の基盤である」・「限りある環境」が，「人間の活動による環境への負荷によって損なわれるおそれが生じてきている」，という認識を前提に，「現在及び将来の世代の人間が健全で恵み豊かな環境の恵沢を享受する」とともに「人類の存続の基盤である環境が将来にわたって維持される」ように,「環境の保全」が「適切に行われなければならない」とする。

また,これを受けて同4条は,経済社会のあるべき姿として,「健全で恵み豊かな環境を維持しつつ」・「環境への負荷の少ない健全な経済の発展を図りながら」・「持続的に発展することができる社会」が「構築されること」を旨として「環境の保全」が行われなければならない,としている。

これらの規定は,《限りある環境が将来にわたって維持されるように,環境への負荷の少ない健全な経済の発展を図りながら,持続的に発展することが可能な社会》をめざしたものであり,国際社会で広く承認されている「**持続可能な開発**(sustainable development)」(「持続可能な発展」とも訳される)の考え方を踏まえたものといえる。

以下,「持続可能な開発」に関するこれまでの議論をみていこう。

**ストックホルム会議**

(1) 国際社会が環境問題に積極的に取り組む姿勢を初めて明らかにしたのは,1972年のストックホルムにおける**国連人間環境会議**であった。

折しも,このままの勢いで経済が成長し資源が消費され環境が汚染されていったら地球はいつまで人類の棲息を保障しうるのかという問題意識が高まりつつある中で「ローマクラブ」が発足し,その報告書『成長の限界(The Limits to Growth)』が公刊されたところであった。同書は,世界人口・工業化・汚染・食糧生産・資源の使用の現在の成長率が不変のまま続くならば百年以内に地球上の成長は限界に達すると警告する一方,地球上のすべての人の基本的な物質的ニーズが満たされ,すべての個人がその能力を実現しうる平等な機会が与えられるような均衡状態を設計することは十分可能であり，そのための行動を開始するのが早ければ早いほど成功率は高まる，と提言した。

同書の公刊は国連人間環境会議の最終準備と時を同じくしたが，「北」が「南」の犠牲の上に制約されない成長によって豊かになり，すべての富を手にした後に成長は限界に達したというのか，という開発途上国側の反発を買い，「開発と環境の調和と両立」をうたう条項の提案が通らず，経済的・社会的開発が好ましい生活環境と労働環境の確保に不可欠だとする開発国寄りの条項（人間環境宣言第8原則）に落ち着いたという経緯もあった。

しかし，会議の準備段階において，初めて自然環境に関する将来世代に対する正義への関心が示され，人間環境宣言の共通見解，第1原則，および，第2原則にそれが規定され，「持続可能な開発」概念の一要素が芽生えたことが注目される。例えば，第1原則では，「人は，その生活において尊厳と福祉を保つに足る環境で，自由，平等及び十分な生活水準を享受する基本的権利を有するとともに，現在及び将来の世代のため環境を保護し改善する厳粛な責任を負う」とし，第2原則では，「大気，水，大地，動植物及び特に自然の生態系の代表的なものを含む地球上の天然資源は，現在及び将来の世代のために，注意深い計画と管理により十分保護しなければならない」とする。

(2) 一方，「持続可能な開発」が初めて一般に流布する形で登場したのは，IUCN（国際自然保護連合）がUNEP（国連環境計画）とWWF（世界野生生物基金，後に，世界自然保護基金）の協力の下に1980年に作成した『世界保全戦略（World Conservation Strategy）』である。同書は，《将来世代のニーズと願望を満たす潜在的能力を維持しつつ，現在の世代に最大の持続的な便益をもたらすような人間の生物圏利用の管理をすること》が「持続可能な開発」の必要条件であるとしたが，全体として生態系の維持に主眼が置かれ，ここでも環境と経済の統合が十分に打ち出されなかったこともあって，必ずしも大きな影響力を持つに至らなかった。

『われら共通の未来』

(1)「持続可能な開発」が国際的に大きく注目されたのは，WCED（環境と開発に関する世界委員会）が 1987 年に出した報告書『われら共通の未来（Our Common Future)』において，環境と開発の問題について国際社会が達成すべき目標として，これを掲げたことを契機とする。WCED は，日本の提案をきっかけとする国連決議に基づいて 1984 年から 1987 年まで活動した賢人会議であり，委員長のブルントラント・ノルウェー首相の名からブルントラント委員会とも呼ばれる。

本書は，「持続可能な開発」を「将来の世代が自らのニーズを充足する能力を損なうことなく，今日の世代のニーズを充たすこと」と定義し，その鍵となる二つの概念として，「最優先されるべき世界の貧しい人々にとって不可欠な『ニーズ』」と「技術水準や社会的組織のあり方によって制約を受ける，現在及び将来の世代の欲求を充たすだけの環境の能力の限界」を提示する。

本書は，「持続可能な開発」の要素として，「世代間の衡平」・「環境の能力の限界」とともに，特に「開発」による南の「生活水準の向上」と「南北間の衡平」の確保を強調している。そのため，「成長の質の変更」にも言及しているものの，「経済成長」が前面に出ているということができる。

(2) これに対し，1991 年に『世界保全戦略』の改訂版として IUCN などから出された『地球を大切に（Caring for the Earth)』は，「持続可能な開発」を「人々の生活の質的改善を，その生活支持基盤となっている各生態系の収容能力限度内で生活しつつ達成すること」と定義するなど，旧版と同様，自然条件を重視している。

### リオ宣言・SDGs

「持続可能な開発」は，その後，1992年の**「環境と開発に関する国際連合会議（国連環境開発会議）」**（UNCED）で採択された**環境と開発に関するリオ宣言**，アジェンダ21，森林原則声明や，同会議中に多くの国が署名した気候変動枠組条約，生物の多様性に関する条約の中に取り入れられ，地球環境保護の中心的な概念となっている。

リオ宣言では，「開発の権利は，現在及び将来の世代の開発及び環境上の必要性を衡平に充たすことができるよう行使されなければならない」（リオ宣言第3原則），「すべての国及びすべての国民は，生活水準の格差を減少し，世界の大部分の人々の必要性をより良く充たすため，持続可能な開発に必要不可欠なものとして，貧困の撲滅という重要な課題において協力しなければならない」（第5原則），「各国は，地球の生態系の健全性及び完全性を，保全，保護及び修復するグローバル・パートナーシップの精神に則り，協力しなければならない」（第7原則）など，それまでの「持続可能な開発」論（その中でも特に『われら共通の未来』）で述べられてきた主要な要素をみることができる。

20年後の2012年には「国連持続可能な開発会議（**リオ＋20**）」が開催され，あらゆる側面で持続可能な開発を達成するために，環境・経済・社会を統合した「持続可能な開発目標（Sustainable Development Goals：**SDGs**）」の作成が合意された。2015年の国連総会では，SDGsを含む「持続可能な開発のための2030アジェンダ」が採択され，17の分野別目標と169の達成基準が示された。

「持続可能な開発」の要素

このように，「持続可能な開発」は，①**世代間の衡平**，②**環境の能力の限界**，③**開発による南北間の衡平**，などの要素から成るが，『われら共通の未来』やリオ宣言が比較的③の要素を重視しているのに対し，『世界保全戦略』や『地球を大切に』は①と特に②の要素を重視している点にニュアンスの違いがある。

日本の環境基本法は，基本的には①②を重視しながら健全な経済発展を図ることを目的としていると位置づけられる。かつての公害対策基本法の「(経済) 調和条項」が経済発展の枠内で環境保全を行うものであったのに対し，「持続可能な発展」は「限りある環境」を前提にしての経済発展をめざす点で，大きく異なるものである。

### Column㉜ オーストラリアのエコロジカルに持続可能な発展

オーストラリアは，コアラやカンガルーなどの有袋類が多数生息し，グレートバリアリーフと呼ばれる巨大なサンゴ礁もあり，自然保護に熱心な国として知られている。この国の環境法の特徴として，エコロジカルに持続可能な発展（Ecologically Sustainable Development = ESD）をテーマとするESD国家戦略が策定され，これが法律によって具体化され，裁判判決でも効力を発揮している。例えば，大規模な石炭鉱山開発の許可について，産出される石炭が燃焼して発生する$CO_2$の地球温暖化への影響が考慮されていないことを理由に，ESD原則を考慮しない瑕疵を有し無効と判示するものもある。ESDは，予防原則や汚染者負担原則もその内容として取り込んでいる。予防原則は，コモンセンスを通じて法解釈に取り込まれている。汚染者負担原則を実現する制度として，汚染物質の排出・排水のライセンス取得に際して，汚染物質の量に応じて料金を支払う汚染負荷量に応じたライセンス制度（load-based licensing）も，州によって採用されている。

## 2 予防原則

**予防原則とは**

環境保護の法的規制にとって最大の障害は，規制のための科学的根拠が不明確なことである。特定の物質や活動が人間の健康または環境に悪い影響を及ぼす可能性はあるが，そのような絶対的な確証がない場合に，法的な規制は必要なのだろうか。この問題に直面するとき，二つの選択が考えられる。一つは，新たな知見によってその不確実性が明らかにされるまで，規制を延期するという対応である。もう一つは，不確実とはいえ，発生するかもしれない損害を避けるために，できるだけ早めに行動するという対応である。前者の選択は，有害であることが立証される時点まで，特定の活動や物質の使用を許容するというアプローチである。後者は，その安全性が立証される時点まで，損害の発生を防止するというアプローチである。国際社会は1992年のリオ宣言（第15原則）によって，後者の立場を受け入れた。

**予防原則**または**予防的アプローチ**（precautionary principle/approach）とは，重大または回復不能な損害が発生するおそれがある場合に，完全な科学的根拠がなくとも，環境の悪化を予防すべきであるという考え方である。厳密な科学的証拠が得られるのを待っていては，回復不能な損害が発生し，手遅れになるという理解である。国際法上，国家は伝統的に「明白かつ説得的な証拠」がある場合にのみ，越境的な環境損害の発生を防止する義務を負うとされてきた（⇒276頁 CASE 10 トレイル熔鉱所事件仲裁判決参照）。予防原則はそのような一般的な**防止原則**（preventive principle，**未然防止原則**ともいう）の延長線にあるが，損害発生の確実な可能性なしに予防的対応を求める点で，伝統的な防止原則とは異なる。

**起源と発展**

予防原則に言及する国際的な文書が現れるのは，1980 年代の中頃である。北海の保護に関する国際会議の宣言によれば，「海洋環境に対する損害が回復不能でありうるか，または相当の費用と長い時間をかけてのみ救済可能であること，したがって沿岸国および EEC は，行動をとる前に有害な結果が証明されることを待っていてはならないことを認識」し（1984 年），北海の海洋生態系を保護する原則として，予防的行動の原則に合意した。それによれば，海洋の生物資源に対する一定の損害または有害な結果が，生命体に蓄積する可能性のある持続的に有毒な物質によって発生すると推定される理由がある場合，その物質の排出と結果の間の因果関係を立証する科学的な証拠がない場合でさえ，予防的行動が要求される（1987 年）。自然環境の保護に関する予防原則の適用は，世界自然憲章で認められ（世界自然憲章第 11 原則），1990 年以降のいくつかの国際条約において採用されている。EU は 2000 年に予防原則の適用に関するガイドラインを公表した。

予防原則は，1970 年代から西ドイツやスウェーデンなどの国内環境政策で採用されたが，日本の環境基本法は予防原則を採用していないといわれる（環基 4 条）。環境管理の計画レベルは別として，健康被害をもたらす化学物質などの規制について，因果関係が科学的に立証されることを規制の前提としたからである。BSE（牛海綿状脳症）に関する米国産およびカナダ産牛肉の輸入禁止措置をめぐって，予防原則の適用がわが国でも問題となった（2003〜2006 年）。なお，地球温暖化と生物多様性の保全については，それぞれ第三次環境基本計画（2006年）と生物多様性基本法（2008年）で予防原則に基づく対策が必要であると明記している。

**条約と予防原則**

予防原則が国際慣習法の規則であるかどうかは疑わしい。予防原則は多数国間の環境条約で規定されるが，その内容は一様でない。例えば，①予防原則を条約上の一般原則として規定する条約がある。1992年気候変動枠組条約（3条3）や生物多様性条約（前文）がこのタイプに該当する。この場合，科学的不確実性に対する具体的措置は特定されない。他方，②各締約国に予防原則に基づく特定の措置をとるように義務づける条約がある。1995年国連公海漁業実施協定（6条）は，海洋生物資源（ストラドリング魚種および高度回遊性魚種）を保護するために予防的アプローチを適用する。そして，入手可能な最良の科学的情報の獲得・共有による意思決定の改善，漁業活動が魚種やその生息環境にもたらす影響評価を行うためのデータの収集，研究計画の発展などを締約国に求める。他方，③各締約国に予防原則による措置をとることを許す条約がある。生物多様性条約のバイオセーフティーに関するカルタヘナ議定書（2000年）は，関係締約国間の**事前の通報・同意**に基づいて改変された生物の輸出入が行われる手続を定めるとともに，予防的アプローチを採用し，危険性を評価した結果，科学的不確実性があっても，輸入国による輸入禁止の措置を認めている（カルタヘナ議定書10条6・15条）。④殺虫剤や防火剤などの有害化学物質（残留性有機汚染物質，POPs）の貿易に関する2001年のストックホルム条約のように，条約機関に対して予防的アプローチによる決定を義務づける条約もある（ストックホルム条約1条・8条）。

### Column㉝ ECホルモン牛肉輸入制限事件(1998年)

2001年以降のBSE(牛海綿状脳症)に感染する牛肉の輸入禁止にみられるように，国家はその環境や人の健康を保護するために貿易を制限する場合がある。その典型的なケースは，自国の環境規範と両立しない他国の産品やサービスの輸入制限である(その他，輸入産品への国内法遵守〔ラベリング等〕の要求，天然資源の輸出制限がある)。

特定の成長ホルモンを投与して肥育された牛肉の輸入を禁止するEUの措置がアメリカとの間で，WTO(世界貿易機関)の条約に違反するかどうかが問題となった。条約上，加盟国は，人，動植物の生命・健康を保護するために必要な**衛生植物検疫措置**をとる一般的な権利を有する。さらに，予防原則の規定によれば，加盟国は「関連する科学的証拠が不十分な場合」でも，関連の国際機関から得られる情報および入手可能な他の適切な情報に基づいて，暫定的な措置を適用することができる(「衛生植物検疫措置の適用に関する協定〔SPS協定〕」2条・5条7)。

WTOのパネルおよび上級委員会は，予防原則が慣習法規であるかどうかの判断を回避し，予防原則の規定(SPS協定5条7)は危険性の評価を求めるSPS協定の他の規定(5条1・同条2)に優先するものではないとした。結論として，危険性評価と客観的に関連していないEUの措置は違法であるとされた。貿易制限的な予防原則を適用する場合，科学的に適正といえる**危険性評価**(カルタヘナ議定書15条参照)を実施したかどうかが問われることになる。

#### 国際裁判と予防原則

国際裁判の判決は，予防原則の適用について，概して消極的である。予防原則の安易な適用は，国家の行動や経済活動を制限するおそれがあるからといえる。

(1) ドナウ河の引水に関する《ガブチコボ・ナジュマロシュ計画事件》(1997年⇒278頁 CASE 13)で，ハンガリーは，重大または回復不能な損害が発生するおそれがある場合には，科学的な不確実性を理由に越境損害の防止または緩和の措置を遅らせてはならないと主張した。国際司法裁判所は，紛争当事国間の既存の条約を再度適用する場合に，新たな「合意によって」「環境法の新たに発展した規範」（予防原則）を導入できるとしたが，それ以上の詳細には立ち入らなかった。

(2) 日本が当事国となった《みなみまぐろ事件》（1999 年⇒ CASE 2 ）において，国際海洋法裁判所は資源の一層の悪化を防止する暫定措置を命じたが，当事国が提示する科学的証拠の是非については判断できないとし，原告（ニュージーランドとオーストラリア）が主張する予防原則の適用を明確には支持しなかった。

CASE 2 **みなみまぐろ事件**（1999～2000 年）
**国際海洋法裁判所，仲裁裁判所**（国連海洋法条約 287 条）

みなみまぐろの漁獲量をめぐって，日本とオーストラリア・ニュージーランドの間で意見が対立したため，みなみまぐろ保存条約により設置された委員会が総漁獲可能量と国別割当量を決定できない時期に，日本は試験的な調査漁獲を一方的に実施した。これに対して，上記両国はその実施が国連海洋法条約に違反するとして，同条約による仲裁裁判所に提訴するとともに，日本の漁獲停止等を命じる暫定措置を国際海洋法裁判所に要請した。国別割当量を超える漁業を禁止し，資源保存のための交渉を命じる暫定措置が下されたが，その後の仲裁裁判所は，みなみまぐろ保存条約に定める紛争解決手続によって自らの裁判権を否定した。最終的に関係三国の間で新たな合意が成立し，紛争は解決した。

(3) 《核実験事件判決の再検討請求事件》（1995 年）で，原告のニュージーランドは，フランスが新たな地下核実験を開始するに先立って，予防原則にしたがい，その実験が海洋環境に放射性物質を導入しないことを立証すべき義務を負うと主張した。この主張は，活動を実施する側に無害の立証を要求する新しいアプローチとして注目されたが，国際司法裁判所は，環境影響評価の義務を含む，立証責任の転換の問題を扱うことなく，別の理由で請求を却下した。同裁判所はその後，ウルグアイ川パルプ工場事件判決（2010年⇒277頁）で，立証責任は原告にあるという確立された原則によって，予防的アプローチが立証責任の転換をもたらすものではないとした。

**予防原則の意義** 科学的証拠の程度を明確にすることなしに，予防原則を一般的に適用することは難しい。予防原則に反対する論者は，この原則に基づく国家の義務の具体的内容や範囲が不明確であるという。科学的証拠が不十分な段階で予防原則を適用することは，過剰な規制をもたらし，人間の経済活動を制限する。他方，この原則を完全に否定することは，**地球環境損害の予防**という見地から正しいとはいえない。

問題は，どの程度の科学的な確実性を前提として，いかなる予防的措置が要求されるかである。リオ宣言の第15原則によれば，予防原則によってとられるべき措置は，「**費用対効果**」(cost-effective) および「各国の能力」を考慮した措置であるとされる。予防原則の適用を左右する科学的確実性の有無や程度は，依然として各国の裁量的判断に任されることが少なくないのである。

予防原則が有効に機能するためには，具体的な予防措置を締約国に義務づける個別の条約が必要となる。例えば，環境影響評価の実施と関連データの公表，入手可能な最良技術の利用などの措置である。これらの予防措置が義務として明示される場合には，義務の不存在を否定する活動国の側がそれを立証する責任を負うことになる。しかし，個別の条約規定がない限り，予防原則は，地球環境の持続可能な発展を実現するために，何らかの予防的措置を諸国に要求する一般的指針としての意義を有するにすぎない。

**Column㉞ 日本における「予防原則」の確立**

リオ宣言の原則 15 で示された「予防的な取組方法」の考え方を踏まえ，環境基本法第 4 条は，「環境の保全は……科学的知見の充実の下に環境の保全上の支障が未然に防がれることを旨として，行われなければならない」と規定している。……平成 12 年 12 月 22 日に閣議決定した環境基本計画（「第二次基本計画」）においても，「環境政策の指針となる四つの考え方」の一つとして「予防的な方策」を位置付け，……リオ宣言の原則 15 の趣旨を盛り込んだところである。……第二次基本計画にいう「予防的な方策」の考え方に沿うもの及びその条項には，化学物質審査規制法第 3 条，第 4 条等，食品衛生法第 6 条等，毒物及び劇物取締法第 15 条の 3 等，水道法第 4 条等，薬事法第 14 条等……がある。

（2002 年 6 月 28 日第 154 回国会参議院環境委員会・環境問題特別委員会における政府答弁より）

## 3 汚染者負担原則

**汚染者負担原則とは**

**汚染者負担原則**（PPP=Polluter-Pays Principle）は，環境に負荷を与える活動をする者に，それに伴って発生する費用を負担させるべきであるとする原則（考え方）である。例えば，この原則は，工場の操業に伴って，有害物質による環境汚染の可能性があるとき，汚染防止装置の設置費用の負担を工場に要求したり，あるいは不幸にも有害物質が環境を汚染した場合には，その被害に対する補償費用や原状回復費用の負担を工場に要求したりする。それゆえ，汚染者負担原則は，環境に負荷を与える活動のもたらす**外部不経済を内部化**することを要求する経済的な原則であるといえる。単純化していえば，環境利用に伴う費用の負担を要求する原則である。

汚染者負担原則は，費用負担にかかわる経済的な原則である。これに対して，法原則として，**原因者主義原則**が語られることがある。これは，汚染原因者に費用負担に限定されない広範な義務や責任を求めるものである。

**Column㉟ 外部不経済の内部化**

経済学では，公害問題を負の外部性（外部不経済）の問題として捉えることがある。外部性とは，経済主体が行動するときにすべての費用を負担しないか，あるいはすべての便益を享受しないときに発生する現象をいい，市場の失敗の典型例である。公害問題では，汚染者が公害防止装置を設置しないで費用負担を免れ，地域住民が生活環境の悪化という形で費用を負担するという構図がみられる。そこで，規制や排出課徴金などを通じて，事業者の私的費用に汚染に伴う費用を反映させ，外部不経済を内部化することが必要となる。

**OECD の汚染者負担原則**

狭義には，汚染者負担原則は，1972 年に経済協力開発機構（OECD）が，**国際通商の歪みの防止**を目的として示した汚染者負担原則を指して用いられる。これは，《政府による汚染規制を遵守するのに必要な費用は，汚染者が負担すべきであるという原則である》。

この原則は，政府の定めたレベルにまで汚染を削減することのみに関係し，それ以上の汚染削減，あるいは公害被害の賠償や原状回復費用には関係しない。したがって，汚染に関係するすべての外部不経済を内部化することを要求するものではない。また，汚染者に生じる公害防止費用の負担に対する政府の補助金を禁止するのみで，汚染者が第一次的に負担した費用を他者に転嫁することとはかかわりがない。したがって，費用が製品価格を通じて消費者に転嫁されることを禁止するものでもない。

この原則は，公害規制の遵守費用が汚染者の負担となる国で操業する事業者と，政府の負担となる国で操業する事業者との間で，政府補助金分の製造コストの差異が発生することにより生じる国際通商における競争力の歪みを是正して，公正な国際的競争を実現することに焦点を当てた原則である。

### Column㊱ コースの定理

交渉に費用がかからないとすれば，外部性の問題は権利の設定によって解決可能であるという主張である。ロナルド・コースが，1960年の論文で示したものである。

この定理の適用場面として，工場から排出されるばい煙が近隣住民の財産に損害を与える場合を考えてみよう。近隣住民の年間被害総額が500万円であり，工場がばい煙の排出防止のために設置するばい煙処理装置の年間コストが300万円とする。法律により住民に環境権（ばい煙による被害を受けない権利）が与えられているとすると，工場が，ばい煙処理装置を設置稼動して，ばい煙の発生を止めるのが合理的な行動となる。反対に，法律によって工場にばい煙の排出権が与えられていたとしたら，住民が工場と交渉して，300万円を住民が負担して工場にばい煙処理装置を設置してもらうことが住民にとって経済的に合理的な行動となる（工場も損はないので，パレート優位）。環境権あるいは排出権のどちらが設定されても，工場がばい煙処理装置を設置してばい煙の被害を回避するという帰結になり，全体でみると，誰が負担するかは別として，300万円のコストで問題が解決されることになる。

また，もし，ばい煙処理装置の年間コストが600万円であるとして，環境権が住民に与えられている場合には，工場が住民に500万円の補償をしてばい煙を排出することが経済的に合理的な行動になる。反対に，工場に排出権が与えられている場合には，住民の被害受忍という形の負担で，500万円のコストで，ばい煙問題が解決されることになる。

ただ，この定理が前提とする取引費用がゼロという仮定の現実性は低く，また，実際には利害対立者間に交渉力の差があり，外部性を解決するには，権利の設定を超えた政府による規制が必要である。

**日本の汚染者負担原則**

激甚な産業公害を経験してきた日本では，汚染者負担原則は独自の発展を遂げてきた。《日本では，公害発生者の責任を追及する原則として，汚染防止費用の負担に加えて，公害被害の救済費用についても汚染者が負担すべきことを要求する原則として理解されてきた》。

第5次環境基本計画（2018年）では，環境政策における原則の一つとして，汚染者負担原則が挙げられている。そこには，「環境汚染防止のコストを，価格を通じて市場に反映することで，希少な環境資源の合理的な利用を促進することが重要である。また，我が国の汚染者負担原則は，汚染の修復や被害者救済の費用も含めた正義と公平の原則として議論されてきたという点に留意する必要がある」と規定されている。

環境基本法では，37条で公害防止事業の原因者負担に触れているものの，22条では，環境保全を目的とする国による経済的措置として，環境負荷活動を低減する汚染者に対して「経済的な助成」を行う規定が先に置かれ（環基22条1項），汚染者に対して「経済的な負担」を課す規定の方が後に置かれている（22条2項）。

CASE 3 **田子の浦ヘドロ事件**（最判昭 57・7・13）

静岡県の田子の浦港は，製紙工場からの排水が原因でヘドロが堆積し，港湾機能に支障が生じていた。そこで，1969 年に静岡県は，ヘドロ浚渫（しゅんせつ）事業を実施し，約 1 億 2000 万円の支出をした。最高裁は，県の支出のうち「汚水排出者の不法行為等による損害の填補に該当し終局的には当該汚水排出者に負担させるのを相当とする部分」について，住民訴訟によって住民が県に代位して排出者である製紙工場に損害賠償請求できることを認めた。

汚染者負担原則を実現するものとして，**公害防止事業費事業者負担法** 2 条の 2 は，「事業者は，その事業活動による公害を防止するために実施される公害防止事業について，その費用の全部又は一部を負担するものとする」としている。この規定は，当該公害防止事業の原因となった事業活動を行った者に，原因となった程度に応じた負担を要求するものである。

1973 年に制定された**公害健康被害補償法**（1987 年改正で「公害健康被害の補償等に関する法律」）は，特定の公害被害者に対する補償給付について規定するが，その財源は，**汚染負荷量賦課（ふか）金**や**特定賦課金**などの形で公害の原因となる事業を行ってきた者から徴収される仕組みが採用されている（参照，経済的手法⇒ 219 頁）。

### *Column*㊲ 過去の汚染の費用負担

蓄積カドミウム除去費用負担事件（名古屋地判昭 61・9・29）は，1970 年に公害防止事業費事業者負担法が制定される以前に蓄積された川底のカドミウム汚染の除去作業に要する費用の負担が争われたものである。判決は，「負担法 3 条の事業者には，過去において当該公害の原因となる事業活動を行ったことがあるが，同法施行後は右事業活動を行っていない原告のような事業者もこれに該当するものと解するのが相当である」として，費用負担の遡及効を承認した。また，東京高判平 20・8・20 は，化学工場跡地の PCB による土壌汚染の除去事業について，土壌汚染を発生させた化学工場が清算され存在しなくなっている事案において，この化学工場を 100% 子会社としていた親会社と後に合併して発足した会社に対して，「当該公害防止事業に係る公害の原因となる事業活動」を行った事業者に当たると認定してなされた公害防止事業費の負担決定を適法とした。

**土壌汚染対策法と状態責任**

汚染者負担原則との関係で興味深いのは，2002 年に制定された土壌汚染対策法である。この法律は土壌汚染の有無の調査，および汚染土壌の浄化の第一次的責任を土地所有者（管理者と占有者を含む）に求めている。自己の所有地が他人に迷惑をかけてはいけないという論理を基礎に，**状態責任**という考え方の下で土地所有者に責任を課すものである。もちろん，土地所有者はこれらにかかった費用を汚染原因者に求償できるのであるが，一旦は土地所有者の負担が求められる。なお，土地所有者の同意があれば，知事は汚染原因者に対して汚染の除去等の措置を命じることもできるが，無資力であったり，行方不明であったりする場合には，土地所有者に措置を命じざるをえない。なお，土壌汚染対策法は 2009 年に大幅に改正された。有害物質使用特定施設の廃止時および土壌汚染によって健康被害が生じるおそれがあると知事が認める場合に加えて，一定規模の土地の形質変更の届出の際に土壌汚染のおそれがあると知事に判断されたときにも，土壌汚染調査義務が生じる。このような土壌汚染対策法上の義務として調査を行った結果，あるいは自主調査の結果，土壌汚染が見つかった場合に土地所有者は，その結果を知事に報告して，**要措置区域**あるいは**形質変更時要届出区域**の指定を受ける。

## 4 環境権

**環境権とは**

**環境権**は，簡単にいえば，《良好な環境を享受しうる基本的人権》である。日本の憲法には明文の規定はないが，憲法学では，**生存権**に関する憲法25条や，**幸福追求権**に関する憲法13条に基づくものとして認める説が多かった。また，環境基本法制定の際も明文の規定は置かれなかったが，《環境の恵沢の享受と継承等》を規定する3条が環境権の手がかりになるという見方もできる。

**環境権の歴史**

(1) 環境権の考え方が国際的に示されたのは，1972年のストックホルム会議で採択された**人間環境宣言**である。

人間環境宣言の共通見解は，「自然のままの環境と人によって作られた環境は，ともに人間の福祉，基本的人権ひいては，生存権そのものの享受にとって不可欠である」とし，第1原則は，「人は，その生活において尊厳と福祉を保つに足る環境で，自由，平等及び十分な生活水準を享受する基本的権利を有する」とする。

その後，スペイン・ポルトガルなど環境権を憲法で規定する国が出ている。

国際文書としては，人間環境宣言のほか，1992年のリオ宣言の第1原則が「人は，自然と調和しつつ，健康で生産的な生活を送る権利を有する」とするのが環境権にかかわるものである。

そのほか，環境に対する手続的な権利としての環境権にかかわるものとして，1998年にUNECE（国連欧州経済委員会）の下で採択され，2001年に発効したオーフス条約は，締約国に対し，国内法上，環境に関する決定過程への公衆参加や司法救済の権利保障を義務づけている。

(2) 一方，環境権が日本で提唱されたのは，人間環境宣言よりも早く，1970年3月に東京で開催された国際社会科学評議会主催の公害国際シンポジウムが最初だとされる。このシンポジウムの東京宣言は，「健康や福祉を侵す要因にわざわいされない環境を享受する権利」と「将来の世代へ現在の世代が残すべき遺産である自然美を含めた自然資源にあずかる権利」を基本的人権の一種として法体系の中に確立することを要請している。

さらに，同年9月の日本弁護士連合会第13回人権擁護大会の公害シンポジウムにおいて，大阪弁護士会の弁護士らが，《環境を破壊から守るため，環境を支配し，良き環境を享受しうる権利》としての環境権を憲法25条・13条に基づく基本的人権として提唱し，大きな反響を呼んだ。これを契機として大阪弁護士会の研究会を中心に環境権の検討が進められた。

**私権としての環境権とその問題点**

(1) 大阪弁護士会の研究会の提唱した環境権の考え方は，《環境を破壊から守るため，環境を支配し，良き環境を享受する》とともに，《環境を支配する権利》に基づいて，《みだりに環境を汚染し，快適な生活を妨げあるいは妨げようとする者に対し，妨害の排除・予防や損害賠償を請求しうる》とする点で，憲法上の権利にとどまらず，私権としての性質も有するものである。

その背後には，大気・水・日照・静穏・景観・土壌等の環境は，不動産の利用権とは無関係に，万人に共有されるべきであるという

**環境共有の法理**の考え方が存在する。

このように環境を直接支配する私権として環境権を構成する理論的なメリットについては，①被害者も社会通念上一定限度で公害被害を甘受すべきであるという「受忍限度論」を克服できるとともに，②個々人に対する具体的被害が発生する前の早い段階で加害行為の差止めを認めることができる，と主張された。

(2)　しかし，このような私権としての環境権論に対しては，①根拠とされる憲法25条・13条は具体的権利を与えたものではない，②所有権や人格権による救済で十分である，③環境権によって，具体的被害が発生する前に侵害を食い止め，また，個人の法律上の利益を超えて環境破壊を阻止するならば，それは私法的救済の域を出るものであり，そのような環境権を認めるには別に明文の法律上の根拠が必要である（大阪地判昭49・2・27），④環境権の内容・範囲が不明確である（札幌地判昭55・10・14）などの反論がなされて裁判例ではほとんど認められておらず，学説上も多数説を占めるに至っていない。

(3)　もっとも，下級審裁判例の中に，差止めの判断にあたって当該被害者に限らない被害の広範性を考慮したり，因果関係や被害の証明責任を一部転換するものがみられるのは，私権としての環境権論の影響とみる余地もある。

また，廃棄物処分場に関する裁判例には，付近で井戸水などを利用している住民からの「一般通常人の感覚に照らして飲用・生活用に供するのを適当とする水を確保する権利」に基づく差止請求を認めたものが多くみられるが（⇒257頁），このような裁判例からは，侵害される「権利」を操作することによって，身体・健康に対する具体的被害が発生する前の段階で差止めを認める点において，私権としての環境権論と共通する側面をみることができる。

**近時の議論**

(1) 近時の学説では，環境権を私権としてではなく，《環境規制の立法・法運用・計画策定等への手続的権利（参加権）》として構成する見解が有力である。**5**で述べる情報公開・市民参加や，**6**で述べるアセスメントの公衆参加の部分は，参加権としての環境権を保障するものといえよう。

(2) 一方，環境権をなお私権として構成しつつ，環境が個人的利益の問題ではないという批判を免れるために，差止めのみを認め，損害賠償を否定する説も主張されている。すなわち，当該地域における土地利用に関する暗黙のルールを，《環境の共同利用に関する権利義務》としての環境権として構成し，これに基づく差止めを認めようとするものである。

(3) そのほか，伝統的な環境権概念が，公害問題を背景に，一定地域の住民が環境を共有し・支配する権利として構成されたのに対し，「誰も」が自然を「享受」する権利として自然享有権という概念も主張されている。将来の国民から信託された自然を保護・保全する責務として，《地域的な限定なく，自然破壊に対して誰でも差止めを求めることができ，自然に影響を及ぼす行政処分に対して誰でも原告適格が与えられる権利》として構成されている。

しかし，伝統的な環境権論と同じく，裁判例では実定法上の根拠を見出しがたいとされている。

(4) 近時は，憲法改正論を背景に環境権を憲法に定めようとする議論があるが，保護法益・享有主体・名宛人をめぐる様々な問題点が指摘されている。環境権ではなく国の環境配慮義務を定めるべきか，環境権を定めるとしても，参加権としての環境権に限定すべきか，といった点で議論が分かれている。

**Column㊳ ストーンの「樹木の当事者適格」**

かつて，アメリカのある開発計画に関する裁判で，原告の自然保護団体シエラクラブが，原告適格がないという理由で敗訴した際，ダグラス連邦最高裁判事がストーンの上記論文を引用して反対意見を書いたことから，自然物に原告適格を与え，人間がその代理人として訴えを提起するという考え方が注目を集めた。日本でも，アマミノクロウサギ・オオヒシクイ・ムツゴロウなどの動物や，諫早湾・北川湿地のような自然物を原告とする環境訴訟が提起されたが，いずれも却下されている。

ストーンの論文では，むしろ，湖のような自然物に原告適格を与えることの合理性が強調されていた。すなわち，湖周辺の個々の住民が原告として訴えを提起する限り，個々の住民が間接的に被った汚染被害の一部しか問題とすることができない（少ない損害額しか請求できず，訴訟の時間や費用と敗訴のリスクを考えると，訴えを尻込みすることにもなる）が，湖を原告にして湖に焦点を当てることによって，汚染による被害の大部分を問題とすることができるのである。この点で興味深い考え方である。

## 5 情報公開・市民参加

**環境問題と市民参加**

あらゆる環境問題の解決には非政府アクターの取組みが重要である。1970 年代においては，環境問題の解決にとって，科学的な研究開発の国際的な促進・交流が不可欠であり，最新の科学情報の自由な交換も積極的に推進すべきであるという理解が一般的であった（人間環境宣言第 20

原則)。

その後，環境問題への最も適切な対処は「**市民参加**」(公衆参加ともいう）であるという考えが強調された。各個人は，国内レベルで公共機関が有する環境関連情報を適正に入手し，かつ公的な意思決定過程に参加する機会を有するとされた。これに対応して，各国は環境情報を広く普及させ，国民の啓発と参加を促進・奨励し，司法および行政の手続（賠償や救済に関する手続を含む）に対する効果的なアクセスを国民に認めなければならない（1992年リオ宣言第10原則)。各国はまた，この原則を実施するための国際協力が必要であることを認識した（同第27原則)。

このような経緯から「環境問題に関する情報の取得，決定過程への公衆参加及び司法救済に関する条約」(オーフス条約）が，1998年に国連ヨーロッパ経済委員会の環境閣僚会議で採択され，2001年に発効した。この条約は欧州経済委員会の構成国を中心とする地域的条約である（47の欧州諸国が批准)。

オーフス条約は，個々の市民，民間の法人およびこれらの団体・組織・集団から成る「広義の公衆」(the public）が環境保護において果たす役割の重要性を認め，**環境情報へのアクセスの権利**，**意思決定への参加の権利**，**裁判を受ける権利**という三つの権利を公衆に保障した。締約国はその国内法制度の枠内でこれら権利を実現する義務を負っている。アクセス権は参加権を支える条件であり，裁判を受ける権利はアクセス権および参加権の実現を確保する手段となる。

**環境情報へのアクセス権**

オーフス条約の締約国（におけるすべての公的機関）は，公衆（自然人，法人など）からの請求に対して環境情報を提供し，かつ公的任務に関連する環境情報を保有し更新しなければならない（オーフス条約4条・5条)。この**環境情報**には，環境要素とそれらの相互作用，行政措置や環境協定，政策・立法・計画などに関する広い範囲の情報が含まれる。公的機関は条約が定める特定の理由（国防・裁判・産業保護・個人情報保護など）があれば，情報開示を拒否できるが，その理由を書面で述べなければならず，情報提供の方法について透明性と効果的アクセスの確保が要求される。

**意思決定への参加権**

締約国の公的機関は，条約が定める計画中の活動を許可するかどうかを決定する場合に，「利害関係のある公衆」に対して一定の情報を早い段階で通知しなければならない（6条)。対象となるエネルギー部門その他の産業活動は，条約上あらかじめ詳細にリストアップされている（同附属書I)。**公衆**とは，環境上の意思決定により影響を受けるか，もしくはそのおそれのある公衆，またはその意思決定に利益を有する公衆を意味する。環境保護を推進する非政府組織が利益を有する公衆とみなされるためには，関係国の国内法の規定が必要である。通知すべき情報には，対象となる活動とその申請，決定の性質とその草案，決定機関，予定の手続などが含まれる。

このような公衆参加の手続は，公衆の意見，情報，分析を反映し，公的決定は公衆参加の結果を適切に考慮するものでなければならない（6条)。締約国は，公衆に必要な情報を提供した上で，透明性のあるかつ公正な枠組みを設ける国内法を制定する義務を負う（7条)。締約国はまた，環境に重大な影響を与えるおそれのある行政規則などを準備する期間内において，効果的な公衆参加を助長するよう努力し，公衆に対して規則案を提供し，意見を述べる機会を与えなければならない（8条)。

**裁判を受ける権利**

司法救済を受ける権利には，差止めによる救済を含む，適切かつ効果的な救済を受ける権利が含まれる。

まず，上記の**アクセス権や参加権**に関する司法救済が認められる。締約国は，アクセス権を無視または違法に拒否された公衆が司法裁判所などの再検討手続にアクセスし，また，参加権については利害関係のある公衆が公的意思決定の実体的および手続的な適法性を争うために司法救済などにアクセスできるように，自国の国内法の枠組みの中で確保する義務を負う。参加権の侵害については，救済を求める利害関係のある公衆は「十分な利益を有する者」でなければならない。これらの救済には，行政機関などによる不服審査の手続が含まれる（9条1・9条2）。

次に，その他の**環境関連の国内法の違反**を争う私人間の訴訟および行政訴訟についても，締約国は同様の義務を負う（9条3）。これらの救済手続は，適切かつ効果的で，公正，衡平で，時宜を得たものでなければならず，利用できないような高額なものであってはならない（9条4）。

**三つの環境人権の意義**

オーフス条約は，広い範囲の公的機関が行う多様な環境関連活動について，市民参加の権利を保障するものとして重要である。**環境活動に関する市民の三つの権利**は「すべての人が自らの健康と幸福にとって適切な環境のなかで生活する権利」（1条）に由来する。三つの権利保障が国際的な最低基準であるならば，公的規制の下に個人や企業が実施する家庭廃棄物の焼却施設，高速道路・鉄道・空港，家禽（かきん）の集約的飼育施設などの建造計画について，上記の市民参加の権利は関連の国内法を通して保障されることになる。

これまで国際環境法と個人の関わりは，ヨーロッパ人権条約による人権侵害の訴訟を除いて，主に〈個々の市民〉が特定の環境保護団体の活動を通して国際環境法（条約）の発展や適用に関与する場合に限られていた。オーフス条約はこうした現象を押し進めるものである。すなわち，**健全で良好な生活空間**はあらゆる人権の享受に必要不可欠であるという理解の下に「快適な環境を享受する人権」という新たなカテゴリーの人権を承認し，環境関連の三つの人権保障を締約国に求めた。

こうした人権保障は，従来の国家と〈特定個人〉の関係に限定されない特別な意義を有する。すなわち，ここでみてきた「市民参加」の手続においては，個々の人々（individuals）は，かれらが帰属する〈国家の市民〉として，**現在および将来世代の利益**のためにかれらの生活環境を保護・改善する義務を果たすことも要求されている（条約前文）。三つの人権保障はそのための手段と考えることもできる。条約の対象となる「環境」情報は人間の健康・安全そして生活条件を含む広い範囲の要因にまで及ぶものである。各国の国内法制度を活用する条約制度とはいえ，市民の身近な環境問題への取組みを将来に向けて地球的規模で保障・推進しようとする条約といえる。

### *Column*㊴　ヨーロッパ人権条約と環境権

ヨーロッパ人権条約および議定書は，「環境権」という権利それ自体を明文で保障していない。しかし，実際には，被害者個人は，条約が定める他の権利に関連して，環境損害に関する訴えを**ヨーロッパ人権裁判所**に提起してきた。そのような先例として，ロペス・オストラ（Lopez-Ostra）対スペイン事件（1994年）がある。

スペインのロルカ市にある民間会社が所有する，なめし皮産業廃棄物処理工場から排出された悪臭，煤煙および騒音などが私人の健康を害した。工場は政府の補助金を受けて，市の所有地に建設されたものである。1988 年の操業開始とともに環境被害が発生したため，市は住民の一時避難や工場の一部操業停止などの措置をとった。しかし，こうした行政措置は失敗し，被害者であるスペイン人ロペス・オストラは国内裁判による救済を求めて憲法裁判所に上訴するまでに至ったが，いずれの請求も棄却された。

そのため，被害者は**国際的な救済**を求めて，自国を相手に**ヨーロッパ人権条約**8 条 1 項（私生活および家族生活が尊重される権利）の違反を理由に，ヨーロッパ人権委員会に申し立てた。委員会はその違反を認めて，本件をヨーロッパ人権裁判所に付託した。判決によれば，スペインは皮革産業によりロルカ市にもたらされる経済的利益（社会全体の利益）と，重大な環境から保護される申立人の権利（個人の権利）の間に正当なバランスを維持することなく，申立人の住居の享有・私生活の尊重や家族生活の不可侵権を侵害したとされ，損害賠償の支払いがスペイン政府に命じられた。8 条 1 項の解釈上，国家は産業汚染を積極的に規制する義務を負うことになる。

## 6 アセスメント

**環境アセスメントの意義と歴史**

環境はいったん汚染・破壊されると回復が困難である。そこで，環境に悪い影響を与える活動を行う際に，事前に環境に対する影響を調査・予測・評価し，その情報を公表して関係者に意見表明の機会を与え，その結果を当該活動に反映させることが有用である。

このような環境アセスメントの制度をいち早く立法化したのが，

アメリカで1969年に制定された**国家環境政策法**（NEPA）である。連邦政府機関の政策決定が縦割行政の中で環境という公益を軽視しがちであったことの反省に基づき，各機関が意思決定をする際に環境に対する影響に配慮するための制度として制定されたものである。連邦政府の関与する事業・政策・計画・法案等を対象として，中止を含めた複数の代替案の検討を義務づけている点に特色がある。

これに対し，日本における環境アセスメントは，個別の事業に関して公害を生じさせないように事前に調査をする制度として発展してきたとみることができる。1960年代の深刻な公害の発生を背景に，1965年から通産省が産業公害総合事前調査を始めたが，1972年の四日市公害事件判決では事前の立地調査に関する過失が指摘されている。一方，同年，「各種公共事業に係る環境保全対策について」という閣議了解がなされ，翌1973年には，公有水面埋立法など一部の個別法の中に，行政決定の際に事前のアセスメントを行う制度が設けられた。しかし，包括的なアセスメント制度はなかなか制定されず，地方自治体の条例や要綱の中にみられるにとどまった。1981年に出された環境影響評価法案は1983年に廃案となった。そこで，これに代わるものとして，1984年に「環境影響評価の実施について」という要綱が閣議了解され，国が実施しまたは国が許認可等で関与する一定の事業について，事業者がアセスメントを行うものとされた。

この**閣議アセス**の制度は，①対象事業が限られていたこと，②代替案の検討が義務づけられていないこと，③環境影響評価の結果が，許認可等に関する規定に反しない限度でしか，許認可等に反映されなかったこと，④参加の機会が限られていたこと，などの問題点を抱えつつ，十数年にわたって用いられた。

1993年に環境基本法が制定され，国は，環境配慮義務（環基19条）を負うとともに，事業者が事業の実施に当たりアセスメントを行うことを推進するために必要な措置を講ずるものとされて（20条），環境アセスメントの立法化に向けた検討が始められた。

1997年に制定された環境影響評価法は，閣議アセスの上記の問題点のうち，②に関して代替案の検討が明文で規定されなかった点を除いて，一定の進展がみられる。

環境アセスメントは，環境基本計画とともに，持続可能な開発のための環境管理の手法として位置づけることができる一方，国の環境配慮義務（環基19条）の実現手段ということもできる。

環境影響評価法は，完全施行（1999年6月）から10年後の見直し（附則7条）により，2011年4月に改正法が成立し，2012年4月に一部が施行され（「基本的事項」〔環境省告示〕も改正され）て，2013年4月に完全施行された。2013年6月の改正では，放射性物質の適用除外規定（52条1項）が削除された（これに伴う「基本的事項」の改正もされた）。

**環境影響評価法の目的と対象事業**

環境影響評価法は，規模が大きく環境影響の程度が著しいものとなるおそれのある事業について，事業者が行う環境影響評価が適切かつ円滑に行われるための手続等を定めることを目的とする（環境影響評価1条）。

対象となる事業（2条）は，従来は，道路，河川工事，鉄道，飛行場，発電所，廃棄物処分場，埋立て・干拓など13事業で，国が実施しまたは国が許認可等を行うものであった（そのほか特例として，重要港湾に係る港湾計画が加えられていた）が，改正法（2011年。以下同）においては，近年の補助金の交付金化を踏まえて，交付金対象事業が加えられた（2条2項2号ロ。2011年の政令改正で風力発電所，2019年の政令改正では大規模太陽光発電所〔メガソーラー〕も加えられた）。

上記の事業のうち，一定規模以上の事業で必ず環境影響評価を実施しなければならないものを**第一種事業**という。これに対し，第一種事業に準ずる規模の事業で一定の手続によって個別に実施の要否が判断されるものを**第二種事業**という。

**手続の流れ**　環境影響評価にかかわる手続等は，①計画段階環境配慮書の手続，②スクリーニング，③方法書の作成・公告等（スコーピング手続），④準備書・評価書の作成・公告等，⑤事業の許認可，⑥フォローアップ，報告書の作成・公表等，の順に進行していく（⇒185頁**図表5-2**）。

⑴　**計画段階環境配慮書**（配慮書）の手続は，事業の早期段階（計画の立案段階）における環境配慮を図るために，改正法で導入されたものである。第一種事業を実施しようとする事業者は，事業の位置・規模等を選定するにあたり環境の保全のために配慮すべき事項について検討を行い，配慮書を作成しなければならない（3条の2・3条の3）が，第二種事業については任意である（3条の10）。

配慮書について，環境大臣は主務大臣に対し，主務大臣は事業者に対し，それぞれ意見を述べることができる（3条の4～3条の6）一方，事業者は関係自治体や一般の意見を求める努力義務を負っている（3条の7：配慮書案の段階でもよい）。

なお，戦略的アセスメントとの関係については後述（⇒187頁）。

⑵　**スクリーニング**は，第二種事業に関して，事業の内容や規模，地域の環境特性等を踏まえて，影響評価の実施の要否を個別に決定する手続であり，当該事業の主務大臣（許認可等権者）によって判

断される（同4条）。環境に対する影響は，事業や地域の特性によって大きな差があること，規模要件を一律に定めると環境影響評価の対象とならないように規模を少し小さくする「アセス逃れ」が発生することから，このような手続が設けられた。

(3) 環境影響評価の対象となる事業を行おうとする事業者は，当該事業の環境影響評価の項目・手法等の原案を記載した（環境影響評価）**方法書**を作成し，公告・縦覧に供する（5条・7条）。事業者は，方法書に対する公衆からの意見書（8条）の概要を知事や市町村長に送付する（9条）とともに，公衆の意見に配意し，知事などの意見を勘案して（11条1項。10条も参照），必要に応じて主務大臣の助言も得た上で（11条2項），評価の項目・手法等の選定を確定する（方法書の確定）。

評価項目については，**図表5-1**（⇒次頁）の区分が定められている（11条4項に基づく「基本的事項」別表：2012年4月の改正では「騒音」が「騒音・低周波音」に改められ，2014年6月の改正では「放射線の量」が加えられた）。これは環境基本法14条1号～3号の指針を踏まえたものである。

この中から，事業ごとに地域の環境特性に応じた効率的でメリハリの効いた調査を実施するために項目等の絞りこみ（**スコーピング**）が行われるのである。

なお，改正法では，以下の4点が新たに導入されている。第1に，方法書の分量が多く内容が専門的であることなどから，（従来からの準備書の段階に加えて）方法書についての説明会の開催が義務化された（環境影響評価7条の2）。第2に，従前からの方法書（および準備書・評価書）の縦覧に加えて，インターネットの利用等による電子縦覧が義務化された（7条・16条・27条）。第3に，方法書

図表5－1　環境影響評価項目（「基本的事項」別表）

<table>
<tr><th colspan="3">環境要素の区分</th></tr>
<tr><td rowspan="13">環境の自然的構成要素の良好な状態の保持</td><td rowspan="5">大気環境</td><td>大気質</td></tr>
<tr><td>騒音・低周波音</td></tr>
<tr><td>振　動</td></tr>
<tr><td>悪　臭</td></tr>
<tr><td>その他</td></tr>
<tr><td rowspan="4">水環境</td><td>水　質</td></tr>
<tr><td>底　質</td></tr>
<tr><td>地下水</td></tr>
<tr><td>その他</td></tr>
<tr><td rowspan="4">土壌環境・その他の環境</td><td>地形・地質</td></tr>
<tr><td>地　盤</td></tr>
<tr><td>土　壌</td></tr>
<tr><td>その他</td></tr>
<tr><td rowspan="3">生物の多様性の確保及び自然環境の体系的保全</td><td colspan="2">植　物</td></tr>
<tr><td colspan="2">動　物</td></tr>
<tr><td colspan="2">生態系</td></tr>
<tr><td rowspan="2">人と自然との豊かな触れ合い</td><td colspan="2">景　観</td></tr>
<tr><td colspan="2">触れ合い活動の場</td></tr>
<tr><td rowspan="2">環境への負荷</td><td colspan="2">廃棄物等</td></tr>
<tr><td colspan="2">温室効果ガス等</td></tr>
<tr><td>一般環境中の放射性物質</td><td colspan="2">放射線の量</td></tr>
</table>

（および準備書）に対する市町村長の意見については知事が集約して事業者に伝えるものとされてきた（改正法では10条2項・3項・20条2項・3項）が，改正法では，事業の影響が単独の政令指定都市区域内に収まる場合には，当該政令市長が事業者に直接意見を述べることができることになった（10条4項・20条4項）。第4に，方法書の確定にあたって事業者が主務大臣に技術的助言を求めた場合，主務大臣は環境大臣に助言を求めなければならないことになった（11条2項・3項）。

(4)　事業者は，こうして選定された項目・手法により実施した環境影響評価の結果を**準備書**にまとめ（14条），これを公告・縦覧・電子縦覧に供するとともに（16条），公衆に対する説明会を行う（17条）。

(5) 事業者は，準備書に対する公衆からの意見書の概要とそれに対する事業者の見解書を知事や市町村長に送付した上で，公衆の意見に配意し，知事などの意見（20条）を勘案して，**評価書**を作成する（21条）。

評価書について，許認可等権者は事業者に対し意見を述べることができる。許認可等権者が国の行政機関の場合は，環境大臣は主務大臣等を経由して意見を述べることができ（23条），許認可等権者が意見を述べるときはこれを勘案しなければならない（24条）。許認可等権者が地方公共団体の場合は，意見を述べる際に環境大臣の助言を求める努力義務を負う（23条の2。環境大臣の意見提出の機会を確保しつつ，地方分権に配慮して努力義務にとどめた）。

事業者は，これらの意見を勘案し，必要に応じて評価書を補正して（25条），これを公告・縦覧・電子縦覧に供する（27条）。

(6) 当該事業の許認可等権者は，評価書の記載および上記の意見に基づき，対象事業が環境保全について適正な配慮がなされるものであるかどうかを審査する。

この審査結果と許認可等の基準に関する審査の結果を併せて判断し，許認可等を拒否する処分や，必要な条件を付けることができる（33条）。この規定は，許認可等に関する規定にかかわらず，許認可等のシステムに対し横断的に環境影響評価の結果を反映させることを求めるものであり，**横断条項**と呼ばれている。

許認可等は環境影響評価が適切にされたことが前提となっている。環境影響評価が不十分・不適切であって，評価書の誤った情報が審査結果に影響を与えたといえる場合には，許認可等が違法とされることも考えられる（取消訴訟で問題となったものとして，東京地判平23・6・9，東京高判平24・10・26〔新石垣空港事件〕，この点が住民訴訟で一つの争点になったものとして，那覇地判平20・11・19，福岡高那覇支判平21・10・15〔泡瀬（あわせ）干潟訴訟：268頁参照〕があるが，いずれも違法とされなかった）。なお，民事差止の裁判例では，被告が事前に環境影響評価や住民に対する説明・同意取付け等の手続を適正にとっていたかを重要な判断要素とするものもみられる。

(7) 環境影響評価を実施しても，事業着工後に予期せぬ影響が発生したり，事業の着工が大幅に遅れることがある。そこで，準備書や評価書に記載した一定事項について事後調査をする制度（同14条1項7号ハ・21条2項1号）や，特別な事情により必要があるときの環境影響評価の再実施の制度（32条）が設けられている。

しかし，従来の制度の下では，事後調査の結果，環境影響が著しいことが明らかになった場合に，事業者がどのような環境保全措置（14条1項7号ロ）をとったかが必ずしも明らかではなかった。そこで，改正法では，環境保全措置の実施状況についての報告書の作成・公表等が義務づけられるに至った（38条の2）。

報告書について，環境大臣は許認可等権者が国の行政機関の場合はこれに対し意見を述べることができ（38条の4），許認可等権者が事業者に対し意見を述べる場合，環境大臣の意見があるときはそれを勘案しなければならない（38条の5：許認可等権者が地方公共団体の場合は，地方分権への配慮から，環境大臣の関与なく意見を述べることになる）。以上のように，環境大臣は手続の各段階で意見表明ができる（従前も石炭火力発電所建設の配慮書や準備書の段階で中止や再検討を求めてきたが，更なる厳格化の方針が最近示された）。

図表５－２　環境影響評価の手続等の流れと意見表明の機会

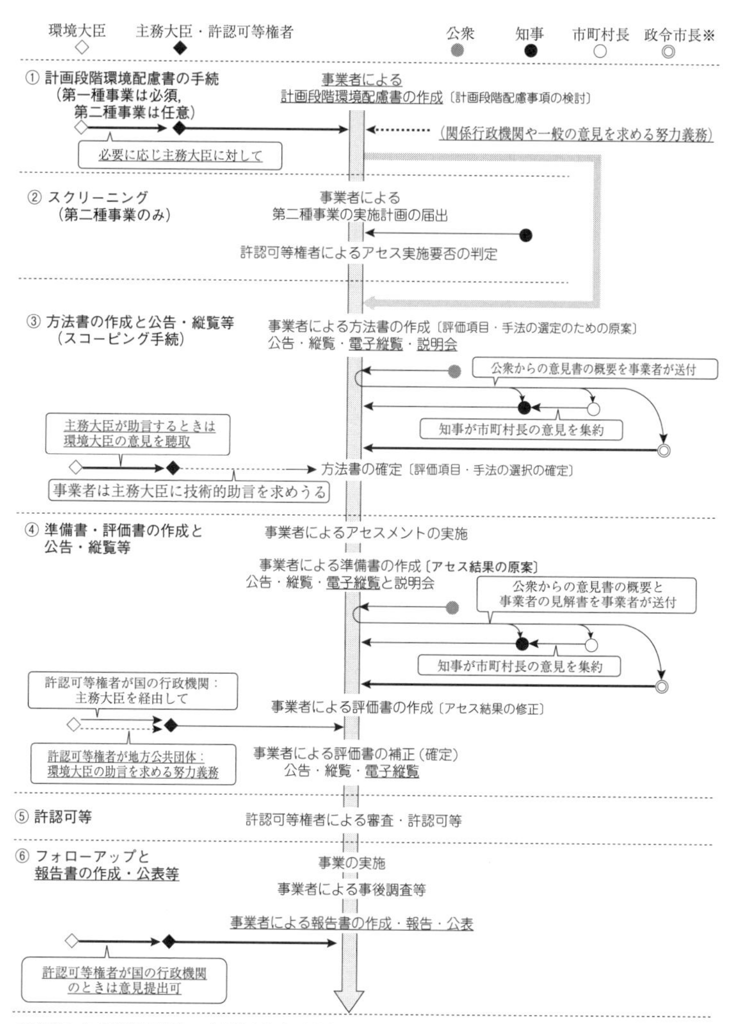


※事業による影響が単独の政令指定都市区域内に収まると考えられる場合。なお，下線部と**太矢印**は2011年改正法で新たに導入された部分。

**条例との関係**

環境影響評価法は，地方自治体が条例を制定して以下のことを定めることを認める。

① 環境影響評価の対象とならない事業（スクリーニングによって対象外となった事業を含む）について，環境影響評価の手続を義務づけること（61条1号）。

② 知事の意見書の提出にあたり公聴会を開くなど，当該地方自治体における手続に関して環境影響評価法の規定に反しない限りで必要な事項を定めること（61条2号）。

**残された課題**

⑴ 閣議アセスにおける評価項目は，典型七公害（大気汚染，水質汚濁，土壌汚染，騒音，振動，地盤沈下，悪臭）および自然環境五要素（地形・地質，植物，動物，景観，野外レクリエーション地）に限定されていた。環境影響評価法に基づく「基本的事項」においては，評価項目の対象が拡大されたものの（⇨181頁），「景観」については，現在も自然景観に限られ，歴史的景観や都市景観は評価項目とされていない。これは，環境基本法14条に掲げられた事項に含まれていないという環境基本法の限界に由来するものであるが，今後の重要な検討課題である（イタリアでは歴史的環境が重要な評価項目とされている）。

⑵ 環境影響評価法は，準備書および評価書に「環境の保全のための措置（当該措置を講ずることとするに至った検討の状況を含む。)」を記載すべきものとしている（14条1項7号ロ・21条2項1号)。これは，必要に応じて**複数案**（**代替案**）や**代償措置**（**ミティゲーション**：例えば，干潟の埋立て地の近くに人工干潟を作る）の検討を行うことを規定したものと解されている（基本的事項にも複数案等の検討が明示されている）が，これらを行うことを法的に義務づけたものではない。改正法では，計画段階環境配慮書において「一又は

二以上」の案を検討する旨が規定され（3条の2第1項），基本的事項では複数案を設定しない場合は理由を明らかにすべきものとされて，複数案の検討が基本となっているが，法的に義務づけたものとはいえない点で問題を残した。

(3) そのほか，許認可等権者の裁量が広いこと，（改正法で事後調査に基づく環境保全措置等の報告書の制度ができたとはいえ）事業実施後のフォローアップの義務づけが不十分であること，後述する本格的な戦略的アセスメントの導入など，残された課題は多い。

**戦略的環境アセスメント（SEA）**

環境影響評価法は**事業アセスメント**であり，事業に関する基本計画が固まってそれに基づく個別の事業に着手する段階でアセスメントが行われるため，このような上位に位置する基本計画を手直しして事業の内容を大幅に変更することが困難な場合が多い。

そこで，政策決定，基本構想，基本計画などの戦略的な意思決定の段階で，代替案を広く含めたアセスメントを行う**戦略的環境アセスメント**（あるいは**計画アセスメント**）の導入が検討されている。

改正法で導入された**計画段階環境配慮書**の手続（「日本版戦略的アセスメント」と呼ぶこともあった）は，あくまでも個別事業の位置・規模等の検討段階を対象とするものであって，より上位の政策や計画の段階を対象とする上述の戦略的環境アセスメントにあたるものではない。従来よりも早期の柔軟な対応ができる段階で環境配慮がされる（前述のように複数案の検討が基本とされる）点では一歩前進ではあるが，本格的な戦略的アセスメントの導入が望まれる。

環境にかかわる根本的な計画，戦略的アセスメント，個別の事業アセスメントという三つのレベルの環境管理の手法を組み合わせることは，持続可能な開発の達成の上で有効な手段となろう。

## 参考文献

### 第1節

◎WCED『われら共通の未来（Our Common Future）』（1987）の邦語訳として

＊環境と開発に関する世界委員会（大来佐武郎監修）『地球の未来を守るために』（福武書店・1987）

◎IUCNほか『地球を大切に（Caring for the Earth）』（1991）の邦語訳として

＊国際自然保護連合ほか（世界自然保護基金日本委員会訳）『かけがえのない地球を大切に』（小学館・1992）

◎環境問題の世代間衡平に関する論文として

＊イーディス・B・ワイス（岩間徹訳）『将来世代に公正な地球環境を』（日本評論社・1992）

◎「持続可能な開発」概念に関する論文として

＊前田陽一「『持続可能な開発』論と主要先進国における環境基本計画」立教法学44号（1996）40頁

＊髙村ゆかり「持続可能な発展（SD）をめぐる法的問題」森島昭夫ほか編『環境問題の行方（ジュリ増刊）』（1999）36頁

＊髙村ゆかり「環境規制と持続可能な発展」大塚直先生還暦記念『環境規制の現代的展開』（法律文化社・2019）66頁

### 第2節

◎国際法上の予防原則に関する研究として

＊松井芳郎『国際環境法の基本原則』第5章（東信堂・2010）

＊髙村ゆかり「国際環境法における予防原則の動態と機能」国際104巻3号（2005）235頁

＊堀口健夫「海洋汚染防止に関する国際条約の国内実施」論ジュリ7号（2013）20頁

＊堀口健夫「未然防止と予防」髙橋信隆＝亘理格＝北村喜宣編著『環境保全の法と理論』（北海道大学出版会・2014）71頁

◎予防原則とWTO加盟国の規制権限について

＊間宮勇「BSE問題とWTO協定」ジュリ1321号（2006）95頁

＊小林友彦「WTO協定の国内実施の意味するもの」論ジュリ7号（2013）107頁

### 第3節

◎汚染者負担原則について

＊宮本憲一『環境経済学〔新版〕』230頁以下（岩波書店・2007）

◎社会的費用の問題やコースの定理に興味のある人は

＊ロナルド・H・コース（宮沢健一＝後藤晃＝藤垣芳文訳）『企業・市場・法』（東洋

経済新報社・1992)

### 第4節

◎環境権を初めて本格的に提唱したものとして

＊大阪弁護士会環境権研究会編『環境権』(日本評論社・1973)

◎環境権に関する近時の文献として

＊淡路剛久「環境権(環境法セミナー)」ジュリ1247号(2003)72頁

＊大塚直「環境権(1)(2)(環境法の新展開)」法教293号(2005)87頁, 294号(2005)111頁

＊中山充『環境共同利用権』(成文堂・2006)

＊松本和彦「憲法における環境規定のあり方」ジュリ1325号(2006)82頁

＊亘理格「環境法における権利と利益」髙橋信隆＝亘理格＝北村喜宣編著『環境保全の法と理論』(北海道大学出版会・2015) 2頁

＊人間環境問題研究会編「特集　環境権論の展開」環境法研究44号(2019)

◎自然享有権に関するものとして

＊山村恒年『自然保護の法と戦略〔第2版〕』(有斐閣・1994)396頁

◎ストーン論文の邦語訳として

＊岡崎修＝山田敏雄訳(畠山武道解説)「樹木の当事者適格」現代思想18巻11号(1990)58頁, 12号(1990)217頁

### 第5節

◎国際条約における環境人権について

＊髙村ゆかり「情報公開と市民参加による欧州の環境保護」法政研究(静岡大) 8巻1号(2003)178頁

＊松井芳郎『国際環境法の基本原則』第8章(東信堂・2010)

### 第6節

◎環境影響評価法を比較的詳細に解説する概説書として

＊大塚直『環境法BASIC〔第2版〕』(有斐閣・2016)102頁

＊北村喜宣『環境法〔第4版〕』(弘文堂・2017)299頁

◎環境影響評価法の2011年改正に関する論考として

＊大塚直「環境影響評価法の改正と残された課題」Law & Technology 52号(2011)4頁

＊大久保規子「環境影響評価法の2011年改正について」ジュリ1430号(2011)30頁

◎環境アセスメント制度の沿革や諸外国の制度を紹介するものとして

＊浅野直人『環境影響評価の制度と法』(信山社・1998)

＊及川敬貴「環境影響評価法制度の源流」大塚直先生還暦記念『環境規制の現代的展開』(法律文化社・2019)219頁

◎環境アセスメント制度の類型論を検討するものとして

＊岩橋健定「環境アセスメント制度の最前線」神戸大学法政策研究会編『法政策学の試み（法政策研究(3)）』（信山社・2000）17 頁

◎戦略的環境アセスメントに関するものとして

＊柳憲一郎「政策アセスメントと環境配慮制度」森島昭夫ほか編『環境問題の行方（ジュリ増刊）』（1999）62 頁

＊環境アセスメント研究会編『わかりやすい戦略的環境アセスメント』（中央法規・2000）

＊環境影響評価制度研究会編『戦略的アセスメントのすべて』（ぎょうせい・2009）

＊柳憲一郎「戦略的環境アセスメントの制度設計」淡路剛久先生古稀祝賀『社会の発展と権利の創造』（有斐閣・2012）635 頁

# 第6章 環境保護の担い手

今日の環境問題は，環境悪化のメカニズムがよくわかっていないことに加えて，個人の日常生活での振る舞いや，企業の通常の事業活動が原因になっているところに特色がある。したがって，それに対処するためには，継続的な科学的研究とその成果の普及伝播が不可欠である。国や地方自治体がその面で率先して役割を果たすことは当然であろう。しかし，環境問題の解決に必要な専門知識や環境保護のために活動する人材は社会に散在しているから，それを束ねる工夫がほしい。そこで，様々な環境保護の担い手の連携を図ることが課題となる。

## 1 行政機関（国・地方自治体）

### ① 国

**専門機関の登場**

1960年代の後半以降，諸国で環境保護のための専門的な行政機関が設けられるようになった。初期の例として，スウェーデンで1967年に設置された自然保全庁を挙げることができる。1960年代における国民生活全般の底上げを背景に，同国の政府は，国民が野外生活を楽しむ場所の確保を重要課題と捉え，自然環境の計画的管理という思想に立脚する施策を打ち出した。その実施の要になる機関として設置されたのが自然保全庁で，その名称は組織誕生の背景をよく示しているが，実質的には，環境問題全般を扱う環境保護庁である。

わが国で最もよく知られているのは，**アメリカの環境保護庁**（Environmental Protection Agency : **EPA**）であろう。1970年にニクソン大統領の大統領令によって設置された。EPA長官は大統領に直接報告を行うものとされているのがこの組織の特色である。組織誕生の背景には，1962年に**レイチェル・カーソン**の『**沈黙の春**』が出版されたことで環境保護運動に勢いがつき，1969年の**国家環境政策法**（National Environmental Policy Act : **NEPA**）の制定につながったという経緯がある。

**環境庁の創設**

同じ時期にわが国はいわゆる**四大公害事件**（熊本水俣病，新潟水俣病，富山イタイイタイ病，四日市ぜんそく）を経験し，公害対策を総合的に推進することが喫緊の課題となった。また，自然破壊の進行に歯止めをかけることの必要性も明確に認識されるようになってきた。1967年には**公害対策基本法**が成立し，続いて1970年のいわゆる**公害国会**では，公害防止のために，廃棄物処理法などいくつかの法律が新たに制定され，また既存の法律の改正も何本か実現した。

このような法制度の整備を受け，自然環境の保護をも含む環境問題全般を扱う組織として構想されたのが環境庁であり，1971年に総理府の外局として設置された。幹部職員を他省庁からの出向者に頼らざるを得ないという後発組織の宿命を背負っての船出（定員502名）であったが，2001年には省への昇格を果たすまでに至った（定員は，環境省定員規則〔2019年3月29日最終改正〕によると本省2117人，原子力規制委員会1056人）。

**環境省の組織**　環境省の組織は，**図**（⇒ 194〜195 頁）のように，環境大臣，副大臣，大臣政務官，環境事務次官，地球環境審議官および秘書官のほか，大臣官房，5 審議官（増員あり），環境保健部，4 局（地球環境局，水・大気環境局，自然環境局，環境再生・資源循環局），総合環境政策統括官，25 課から成る（2019 年 8 月現在）。福島第一原発事故後に設けられた原子力規制委員会は環境省の外局である。このほか，独立行政法人として国立環境研究所および環境再生保全機構，審議会等（国行組 8 条）として中央環境審議会など，施設等機関（同 8 条の 2）として環境調査研修所，それに特別の機関（同 8 条の 3）として公害対策会議が置かれている。

なお，全国 7 ブロックおよび福島に地方支分部局として地方環境事務所が置かれ，その管轄地域内にいくつかの自然保護官事務所（全国総数 76）が設けられている。そこに配属された自然保護官はレンジャーと呼ばれ，国立公園の管理や野生生物の保護の活動にあたっている。

**その他の国の機関**　環境省以外にも環境保護行政の担い手となっている省庁がある。例えば，経済産業省は，いわゆる PRTR 法（⇒ 103 頁 *Column* ㉖），家電リサイクル法，自動車リサイクル法（⇒ 76 頁）などの実施に責任を負っている。自然保護の関係では，森林・林業基本法，森林法，食料・農業・農村基本法などに関わって農林水産省が担う役割を見落とすことはできない。他方，都市緑地法や都市公園法など都市部における緑地保全の法律を所管するのは国土交通省である。同省はまた河川法や海岸法を所管している。近時これらの法律の目的規定に環境保全が取り込まれたことはすでに説明した（⇒ 31 頁 8）。

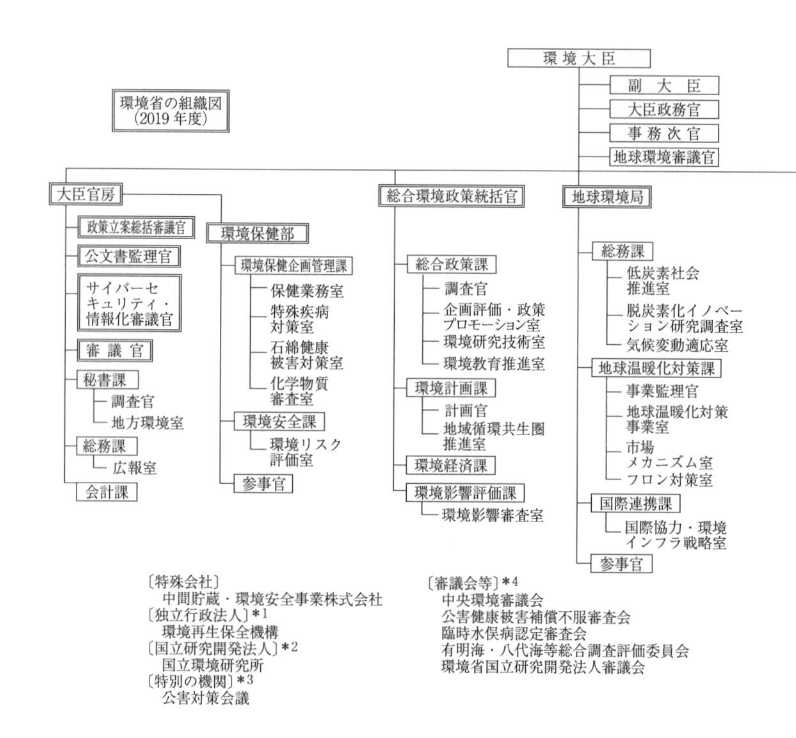


## ② 地方自治体

**役割分担** 環境問題は地球環境問題としてグローバル化するとともに，地域特性に即した対処を要するという点できわめてローカルな側面をもつ。それゆえ，地方自治体の果たす役割に大きな期待がかかる。環境基本法においても，地方自治体は，区域の自然的社会的条件に応じた施策を策定し，かつそれを実施する責務を有すると規定されている（環基7条）。

都道府県と市町村の関係では，地方自治法2条5項により，都道

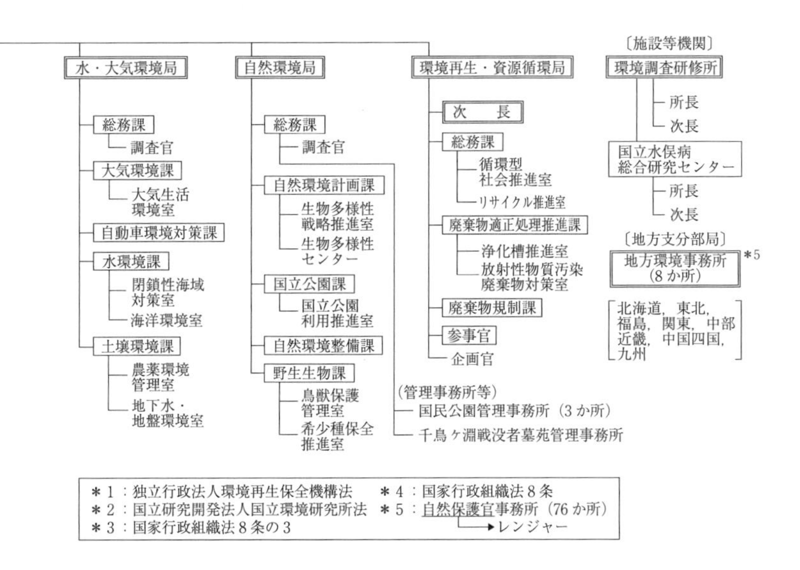


府県が広域の地方自治体として，それにふさわしい事務を処理するものとされている。今後合併で拡大した市町村に対する権限委譲を進めるのであれば，都道府県に残すべき事務の選択という観点から環境問題の特質を検討する必要がある。市町村の境界を越えて広がるまとまった自然空間の保全は，やはり都道府県の責務とみるべきであろう。

もっとも，法律に基づく事務の場合は，すでにその法律により事務実施上の役割分担がある程度特定されている。例えば，廃棄物処理法4条によれば，市町村は一般廃棄物について，都道府県は産業廃棄物についてそれぞれ適正な処理に必要な措置を講じなければならない。都道府県は市町村に対する技術上の援助をも行う。他方，国は，情報の収集・整理・活用，技術開発の推進および地方自治体に対する技術的・経済的援助を責務とする。

なお，ある特定の事務が法律によって都道府県の事務とされていても，市町村が地元の声を受けてその分野に実質上関わりをもつ施策をとることがある。例えば，廃棄物処理法では産業廃棄物処理施設の設置は都道府県知事の許可の下に置かれているが，市町村が水道水源の保護の観点から条例を定めて立地の制限を図るといった例がある。ここに法律と条例の関係という難しい問題が生じる。

### CASE 4　紀伊長島町水道水源保護条例事件
（最判平 16・12・24）

本件の原告は，紀伊長島町内で産業廃棄物中間処理施設を設置して産業廃棄物処理業を営もうと考え，事業計画書を保健所長に提出した。この計画を知った町は，数か月のうちに水道水源保護条例を制定した。この条例によれば，町長が水源地域を指定すると，その区域内では規制対象事業場と認定された施設を設置することが禁止される。原告は三重県知事から産業廃棄物処理施設の設置許可を得たが，町長が規制対象事業場の認定処分を行ったために，施設を設置することができない。そこでその認定処分の取消しを求めたのが本件である。控訴審判決は原告の請求を棄却した（名古屋高判平 12・2・29）。しかし，最高裁は，町が原告の計画を知った後に条例を制定したという事情を重くみて，町長には原告の地位を不当に害することのないよう配慮すべき義務があるとし，本件処分はその義務に違反してなされたものであるから違法であると判示した（破棄差戻し）。

**環境保護を担当する部局**

地方自治体の長は，その権限に属する事務を分掌させるため，必要な内部組織を設けることができる（自治 158 条 1 項）。都道府県の組織は部・課に分けられることが多いが，その中に環境問題を担当する部が置かれるのが通例であり，神奈川県を例にとれば，それは環境農政局である。それが総務室，環境部，緑政部および農政部に分かれ，そのうちの環境部についてみれば，環境計画課，大気水質課，資源循環推進課の 3 課が置かれている。

他方，市町村では，部・課，部・室，課・係など，分掌単位の命名方法にいくつかの型がある。政令指定都市である横浜市や神戸市などは，組織を局・部・課に分けている。横浜市についてみると，廃棄物に関する事務は資源循環局の担当で，そのほか環境問題一般は環境創造局において扱われる。

**環境保護の知識を必要とする部局**

地方自治体は，本来全組織を挙げての総合行政を目指すべきであるが，実際にはそれはなかなか実現しない。しかし，特に環境行政に関しては，その担い手となる部局に専門的な知識を提供できるように，部局の垣根を越えた仕組みを考案すべきである。その必要性を河川法や海岸法に基づく事務を例にとって説明しよう。これらの事務の多くは都道府県において実施されるものである。その所管部局は，神奈川県の組織名でいえば，県土整備局河川下水道部の河川課と砂防海岸課である。両課とも元々は環境保全に専門的に取り組む部局ではなかった。ところが，前世紀末の改正で，河川法，海岸法それぞれの目的規定に環境保全が盛り込まれた。したがって，今後は，両課とも河川ないし海岸の環境保全に関する専門知識の蓄積を求められることになろう。

## 2 市　　民（NPO，個人，事業者）

### 1 NPO

**NPOとは**

今日環境問題を考える上で，NPOの果たす役割を無視することはできない。NPOというのは，民間非営利組織（Non-Profit Organization）の略称で，法人格の有無は問わない。営利を目的にしていないということが基本である。もっとも，ある動物の保護を目的とするNPOがその動物にちなんだ土産物を販売するというようなことはある。その場合，収益がもっぱら団体の活動のために用いられていれば，営利目的とみられることはない。

**NPOの役割**

一口にNPOといっても，地域社会に生起する様々な環境問題に取り組む団体もあれば，オオタカの保護のような特定の課題を追求する団体もある。また，自然環境を破壊行為から護るためにその土地を寄付金などによって買い取り，これを管理して将来世代のために残すという活動（ナショナルトラスト運動⇒219頁Column㊼）を実践している団体もある。したがって，その役割も種々様々と推測されるが，国や地方自治体に対して提言を行うこと，ある特定の問題（例えばオオタカの生態）について必要な専門的知見を示すこと，自然環境の保全を図るのに必要な労力（例えば森林の下草刈りを行う人員）を提供すること，知識の普及や環境教育を行うこと（例えば雑木林の生態系について子どもたちに現場で教えること）などが期待できよう。

**NPO法人** 団体が法人格を有することは活動を継続する上で何かと便宜であるが，環境問題に取り組むNPOの多くは，財政，規模などに関わる理由でなかなか民法上の公益法人となることができない。そこで，1998年に**特定非営利活動促進法（NPO法）**が制定され，これにより法人格の取得が容易になった。同法にいう特定非営利活動とは，同法別表に掲げる活動に該当する活動であって，不特定多数者の利益の増進に寄与することを目的とするものである（非営利活動2条1項）。そして，同法別表の第7号に「環境の保全を図る活動」が挙がっている。ある団体が所轄庁に申請して特定非営利活動法人（NPO法人）の設立の認証（同10条1項）を受け，さらに認定特定非営利活動法人の認定（同44条1項）を受けると，その団体に対して寄附や贈与を行った者について，所得税，法人税または相続税の課税について寄附金控除等の特例が認められる。

なお，都市緑地法の2017年改正で緑地保全・緑化推進法人という制度が創設された。市町村長がNPO法人やまちづくり会社をこの法人に指定して，市民緑地における緑の担い手とする仕組みである（69条，70条）。

### 2 個　　人

**環境基本法の国民像** 個人の自由を最大限に尊重する自由主義の下では，国民は法律によって禁止されていない事柄は何でもできるというのが建前である。人々はそれぞれ自由にいろいろなものを創り出し，またいろいろなものを利用して人生を楽しく過ごしてよい。そのように自らの個性を大いに発揮して豊かな生活を創造する人間，それが自由主義の前提とする人間像であると考えられる。

しかし，今日では，物質文明の便益に満ち溢れた日々の暮らしの中で，私たちが何げない行為によりいつの間にか地球規模の環境悪化に加担しているという現実がある。例えば，自動車に乗るという行為を考えてみよう。自動車に乗ること自体は法律によって禁止されているわけでもないし，特に道徳的に非難されるわけでもない。しかし，自動車から排出されるガスが地球温暖化の要因の一つとされているので，多くの人が日々の自動車利用によって地球温暖化を進行させていることになる。

そうだとすれば，われわれは，自家用車を勝手気ままに乗り回すのではなく，徒歩，自転車，公共交通機関そして自家用車を適宜使い分けるように心がけるべきではないか（地球温暖化対策推進法６条を参照）。また，例えば地方自治体がノーマイカーデーのような政策を打ち出したときには，可能な限りそれに協力すべきではないか。環境基本法においても，国民は，基本理念にのっとり，環境の保全上の支障を防止するため，その日常生活に伴う環境への負荷の低減に努めなければならないとされている（環基９条１項）。そして，国民は，基本理念にのっとり，環境の保全に自ら努めるとともに，国または地方自治体が実施する環境の保全に関する施策に協力する責務を有している（９条２項）。

これらの条文で「基本理念にのっとり」という表現が用いられているが，ここでいうところの**環境基本法の基本理念**は，人類の存続の基盤である環境の将来にわたる維持を思念すること（３条），持続的発展の可能な社会の構築と環境上の支障の未然防止に努めること（４条），および国際的協調の下での地球環境保全の積極的推進を図ること（５条）の３点を指す。そうすると，結局環境基本法は，国民に対して，環境との関わり方を沈思し，自らの行動が持続的発展の可能な社会の構築に向かうように規律できる理性的な存在であることを求めていると考えられる。

**知識の修得と活用**

われわれが環境基本法の想定する理性的な国民であるためには，まず環境保護のために必要な知識を十分に修得し，かつ修得した知識を実践の場で活用することが大切である。自然環境保全法に基づく**自然環境保全基本方針**の冒頭に，われわれが自然の価値を高く評価し，保護保全の精神をわれわれの身についた習性とすることこそが，あらゆる対策の第一歩だと記されている。

しかし，今日の環境問題では，知識を身につけようにも，多くの場合それは不確実性を伴っている。ある特定の行為が環境破壊に結びつくのか，あるいはある特定の物質が人間の健康や環境に悪影響を与えるのかといった根本的な事柄がしばしば不確実なのである。われわれの行動を規制する行政機関や，その行政機関に知識を提供する専門家の間で意見が割れることはけっして珍しくない。特に，化学物質の安全性に関わる分野ではそうである。そういう場合には，行政機関においても不確実性の存することを素直に認め，行政，事業者および国民の間で安全性に関する情報を往来させ，それぞれが意見を出し合うことで不確実性の領域を狭めていくのが実践的である。これが**リスクコミュニケーション**と呼ばれる手法であるが，このような手法で効果を上げるには，国民一人ひとりがリスクの感覚を身につけ，冷静な選択ができるように修練を積んでおく必要がある。

現代社会では，国民個人が地方自治体の住民として，公共的な意思決定に関わる手続に参加する機会が増えている。その中には，まちづくりのための住民参加，環境影響評価手続に際しての意見書提出など，地域の環境に関わる判断を求められるものも多い。われわれは，民主主義社会の構成員であるから，そうした機会を捉えて自己の意見を表明するように心がけることは大切である。しかし，その際にも，環境基本法の基本理念を解する理性的な国民であらねばならないのである。

### 3 事 業 者

**企業の論理と企業倫理**

事業というものは，程度の差こそあれ，施設に人を集め種々の機械類を使用して営まれるものである。これを個人の私生活上の行動と比べると，エネルギー消費量や廃棄物の発生量は桁違いに多い。また，事業の内容によっては，有害物質が日常的に外部に排出されることになろう。したがって，一般に事業者は個人よりも環境に対して格段に大きな負荷をかけていると考えられる。

他方，事業活動は利潤の獲得を目的とする営みである。自由主義経済体制の下では，基本的に一事業者の独占は認められず，同業者との競争の中で確実に利潤を上げていかなければならない。したがって，事業の実施に際しては，利潤をもたらす企画には投資するが，利潤に結びつかない事柄にはできる限り金を使わないという論理が働く。そのために，環境保護の配慮はどうしてもおろそかになりがちである。

しかし，今日では，環境基本法において，事業者は，ばい煙，汚水，廃棄物の処理その他の公害を防止し，自然環境を適正に保全するために必要な措置をとる責務を有すると規定されている（環基8条1項）。公害防止を要請した部分は，幾多の公害事件の苦い経験を踏まえた規定と考えられる。事業者はそのことを十分に自覚して環境への負荷の低減を心がけるのでなければならない。また，自然環境や景観の維持を図る地方自治体の政策に協力することも求められよう。

**物の廃棄への配慮**

事業者の環境配慮の責務が宣言されたばかりでなく，公害防止のための法制度もずいぶん整備された。加えて近時では，環境保護のための努力を示すことが企業の一つの売り物となっており，多くの企業がISOの取得を目指している。しかし，それですっかり事業者の体質が改まったわけではないようで，相変わらず利潤追求の論理を優先させた事件が耳目を引く。産業廃棄物の不法投棄事件は特に深刻である。

そのような嘆かわしい事件が起こる度に法制度に工夫が加えられ，特に廃棄物処理の面での事業者に対する法的要求はずいぶん度合いを増した。最も注目に値するのは，**廃棄物の発生抑制**であろう。事業者自身が発生させる廃棄物の減量ももちろん重要で，ISOの取得を目指す企業などはこの点で一歩進んだ対策を講じているものと考えられる。しかし，それよりも，国民生活全般における廃棄物の発生抑制のために，事業者が努力しなければならないということが大切である。すなわち，事業者は生産活動に際してともかくも製品が廃棄物となった場合のことを考慮しなければならない（環基8条2項・3項。廃棄物3条2項）。さらに，製品の製造，販売にあたった事業者は，製品が使用されてその使命を終えた後の段階でも，なお相応の責任を果たすよう求められることがある（循環型社会基11条3項）。

## 3 担い手の連携

今日の環境問題には，行政による命令とか刑罰の賦課といった伝統的な規制手法ではうまく対処できないものが多い。それに代わって，情報提供や環境教育のような柔らかい手法に期待が寄せられる。ところが，提供すべき情報や教育の内容は行政機関の下に集約されているわけではない。そこで，国，地方自治体，NPO など環境保護の担い手の間にネットワークを作り，全体として啓発活動が功を奏するように工夫することが必要となる（第5次環境基本計画〔2018年〕第2部第1章2「パートナーシップの充実・強化」を参照）。

### 1 国，地方自治体の連携

**国・地方自治体の連携**　環境保護の活動には様々な専門知識と技術が必要である。国は中心となってその開発に取り組み，その成果を地方自治体に提供するべきであり，また地方自治体相互間でも積極的に情報交換や人事交流を行うことが望まれる（廃棄物23条の2を参照）。国が率先して地方自治体の研究を集約し，その共有化を図ることも大切である。

**地方自治体同士の連携**　地方自治体は，ときに，地域的な固有事情によって他の地方自治体と協力することがある。例えば，ある自治体の森林が下流の自治体の水道水源になっている場合，下流の自治体は森林保全のために上流の自治体を援助する。これは言ってみれば上流・下流の連携である。上流・下流の関係を越えて，一つの河川の流域に存する地方自治体が多方面に亘って連携することもある。地方自治体を結びつけるものは河川に限られない。関東地方の地方自治体がディーゼル車規制で足並みを合わせるという形の連携もある。また，奄美大島や淡路島のような島では，島嶼（とうしょ）生態学の知見に従って島全体の環境を管理するべきであるから，島を構成する地方自治体すべての連携が必要となる。さらに，離島には，例えば産業廃棄物の不法投棄の場所として狙われやすいといった共通の悩みがあるので，遙かに離れた島と島の連携にも意義が認められる。

### 2 民間を含めた連携

**専門知識の吸収における連携**

行政機関には大学で専門知識を身につけた職員が採用されており，また研究所が付置されていればそこに何人かの研究者が勤務している。さらには審議会を通してある程度専門知識が供給される。しかし，それでも特定の環境問題に関する知識が常に確保できるとは考えられない。

特に自然保護に関しては，わが国では**自然史博物館**を置く地方自治体が少ないので，標本やデータの蓄積が不十分である。理論的な知識は大学の研究者等に問い合わせることができるとしても，現場に関する実践的な知識は時間をかけて集めるほかはない。そこで，市井（しせい）に埋もれた研究者の知見をインターネットで結び合わせたり，NPO の協力を求めたりすることがどうしても必要になる。

NPO は，その力量によっては，自ら行政と協働することができるし，一般市民と行政をつなぐ役割も果たし得る。例えば，地方自治体が文化財保護条例に基づいて特定の昆虫を天然記念物に指定しても，それだけでその昆虫を保護できるわけではない。実際にその生態を観察した上で，生息地の管理を着実に行う必要がある。それはまさにNPOに相応しい活動分野であるが，地元のNPOに知識と人材が具わっていないと実のある貢献は期待できない。そこで考えられる対策は，同じような目的をもつ全国のNPOが連携して，相互に情報や知見を交換し，全体の能力の向上を図ることである。

### 環境教育の連携

今日的な環境問題に対処するには，何といっても環境教育の充実が大切である。知識が決定的に不足しているからである。地球温暖化問題を例に取れば，その原因はわれわれの日常生活や企業の通常の操業にある。したがって，われわれ一人ひとりが日常の生活様式を改め，企業が日々の事業活動のあり方を見直さなければならない。しかし，そのために具体的に何をしたらよいかがなかなか分からない。そこで，国や地方自治体が広報紙や講習会などで啓蒙を図ることは当然である。また，都道府県知事等から委嘱された地球温暖化防止活動推進員（地球温暖化対策推進法37条）が普及啓発の役割を担う。さらにその背景にはNPOの存在があると考えられる。そうした様々な啓蒙活動の担い手の間に有機的な連携を確保することが大切である。

人間は歳をとるほどにそれまでの習慣を改めるのが億劫（おっくう）になる。それまで馴染んできたもの以外には目が向かない。環境教育の大きな効果が期待できるのは子どもたちである。将来を見据えて，環境基本法が想定しているような理性的な人間を多く育てることが地球を救う途である。その場は第一にはやはり学校教育であろう。しかし，そこにもNPOの協力の形があり得る。例えば，学校が校庭の草花の観察会を催し，そこに地元の自然保護団体から指導者を派遣してもらうという企画が考えられよう。

# 参考文献

◎環境庁設立の背景と設立後しばらくの活動状況について

＊環境庁 10 周年記念事業実行委員会編『環境庁十年史』（ぎょうせい・1982）

◎環境庁の設立過程の行政学者による分析として

＊今村都南雄『組織と行政』第 3 部第 2 章 2（東京大学出版会・1978）

◎ NGO ないし NPO の活動を環境社会学の視点から論じたものとして

＊長谷川公一編『環境運動と政策のダイナミズム（講座 環境社会学(4)）』第 6 章・第 7 章（有斐閣・2001）

◎リスクの感覚を身につけるための入門書として

＊ジョン・F・ロス（佐光紀子訳）『リスクセンス』（集英社・2001）

＊廣野喜幸『サイエンティフィック・リテラシー』（丸善出版・2013）

＊畠山武道『環境リスクと予防原則 I リスク評価』（信山社・2016）

◎リスクコミュニケーションについて考える手がかりとして

＊吉川肇子『リスクとつきあう』（有斐閣・2000）

＊本堂毅＝平田光司＝尾内隆之＝中島貴子編『科学の不定性と社会』（信山社・2017）

◎国，地方自治体，企業，NGO および市民の役割と連携についてより深く考えるために

＊松井三郎編著『地球環境保全の法としくみ』特に 4 〜 7（コロナ社・2004）

# 第7章 環境保全の手法

環境問題の中心が，四大公害事件に代表される激甚な産業公害から，自動車排出ガスによる都市大気汚染などの都市生活型公害へと移行するのに応じて，規制手法も，権力的な命令監督手法から，誘導的な経済的手法なども含むものに多様化してきた。自然や緑地の保全には，地域指定制度が多く用いられている。

## 1 基準の設定と遵守の確保——命令監督手法

**命令監督手法**

日本の公害規制は，水俣病，イタイイタイ病，あるいは四日市ぜんそくなどに代表される激甚な産業公害の克服を課題としてきた。それゆえ，これらの産業公害の克服にふさわしい強力な規制の枠組みが形成されてきた。その中心的なものは，《汚染物質の排出許容限度である排出基準（あるいは排水基準）を設定して，排出事業者にその遵守を強制するもので，**命令監督手法**（command & control）と呼ばれている》。

例えば，大気汚染防止法は，ボイラー等のばい煙発生施設に対して，ばい煙の排出基準を定め，これに適合しない施設に対しては，

図表7-1　規制の流れ

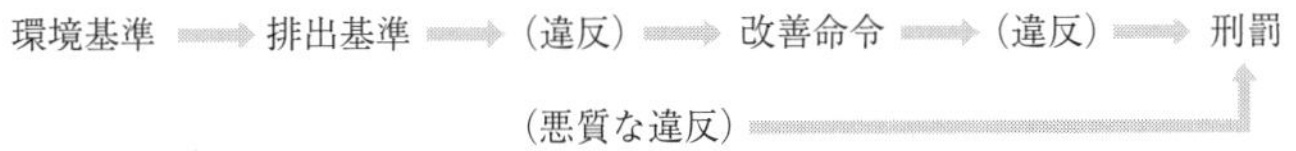

環境基準 ⟹ 排出基準 ⟹ （違反） ⟹ 改善命令 ⟹ （違反） ⟹ 刑罰

（悪質な違反） ⟹ 刑罰

改善命令などの行政処分で排出基準の遵守を命じ，この行政処分に従わない場合には罰則を科す仕組みを採用している。最終的に刑罰を科すことで，排出基準や改善命令などの実効性を担保する仕組みとなっている。悪質な排出基準違反者に対しては，行政処分による警告を経ることなく，直接，刑事手続が開始されるルートも規定されている（いわゆる**直罰**）。

### 排出基準

**排出基準**とは，工場などのばい煙発生施設から排出されるばい煙の量または濃度の許容限度のことである。排出基準に適合しないばい煙の排出は禁止される。排出基準は，ばい煙の種類ごとに設定される。硫黄酸化物では，**K値規制**と呼ばれるユニークなやり方が採用されているが，地域ごとに煙突の高さに応じて1時間当たりの排出許容量の上限が定められている。煙突が高いとばい煙が拡散して地表に及ぼす影響が小さいという考え方に基づいている。その他のばい煙では，全国一律に施設の種類や規模ごとに，汚染物質の濃度について排出基準が定められている。排水にかかわる排出基準は，排水基準と呼ばれる。排水基準は，排出水に含まれる有害物質の濃度や化学的酸素要求量（COD）などの汚染状態の許容限度を示すものである。

ばい煙発生施設が集合している地域で政令で定める限度を超える汚染のおそれがあると指定された地域では，新設のばい煙発生施設に，通常の排出基準より厳しい特別の排出基準が適用される。また，ばいじんと有害物質の排出基準について，都道府県が条例で地域の

図表7-2　排水基準の例

| 有害物質の種類 | 許容限度 |
|---|---|
| カドミウム及びその化合物 | 0.03mg/ℓ |
| シアン化合物 | 1mg/ℓ |
| 有機燐化合物 | 1mg/ℓ |
| 鉛及びその化合物 | 0.1mg/ℓ |
| 六価クロム化合物 | 0.5mg/ℓ |
| 砒素及びその化合物 | 0.1mg/ℓ |
| 水銀及びアルキル水銀その他の水銀化合物 | 0.005mg/ℓ |
| アルキル水銀化合物 | 検出されないこと |
| ポリ塩化ビフェニル | 0.003mg/ℓ |
| トリクロロエチレン | 0.1mg/ℓ |

実情に応じた厳しい排出基準（**上乗せ基準**）を定めることができる（大気汚染4条）。上乗せ排水基準も，条例により定めることが水質汚濁防止法によって授権されている。このような規定の背景には，国の定める規制の基準は，全国的な観点から定められる最低限度のもの（ナショナルミニマム）であるとの考え方がある。法令による規制対象以外に規制を広げる場合には，「横出し」と呼ばれている。

### *Column*㊵　裾（すそ）切り

排出基準や排水基準は，一定規模以上の事業所に適用され，小規模な事業所には適用が免除されることが多い。例えば，化学的酸素要求量などの生活環境にかかわる排水基準は，1日当たりの平均的な排水の量が50m³以上の工場または事業場に適用される。これを**裾切り**と呼ぶ。しかし，排水量が少ないということと，その汚濁負荷が小さいということとは必ずしも結びつかない。また，大規模事業場の規制が進んで小規模発生源の汚濁寄与率が高まっているので，裾切りのあり方には再検討が必要である。

《命令監督手法は，排出基準に違反する排出行為を違法と評価して，行政処分や刑罰を用いてでもこれを抑止・是正しようとする点に特徴がある》。したがって，これは，人の健康に直接の被害をもたらす有害物質に対する排出規制など，確実なコントロールが要求される領域の規制に適した規制手法である。事業所からの産業公害のように，規制対象数も多くない場合には，行政による監視もそれなりに可能であり，威力を発揮する手法である。それゆえ，この手法は，激甚な産業公害の克服に成果をあげてきたし，今日でも公害行政の中核的な手法であり続けている。

### Column㊶　規制執行の不全

命令監督手法について，現実には厳格な執行がなされていないと報告されている。というのも，「疑わしきは被告人の利益に」が大原則の刑事訴訟において，違反者に刑事罰を科すのは容易でないからである。また，改善命令等に対する取消訴訟の提起にも耐えなければならない。そこで，予算もスタッフも足りない行政機関は，行政処分を発することなく，行政指導によって違反者に是正・改善を求めて，良好な環境を確保する努力をしている。また，以前は，大気排出基準違反に対して改善命令を出すには，「その継続的な排出により人の健康又は生活環境に係る被害を生ずると認める」必要があり，改善命令の発布がためらわれがちであったが，2010 年の大気汚染防止法改正によりこれが削除され，ばい煙排出者が「排出基準に適合しないばい煙を継続して排出するおそれがあると認めるとき」（14 条）に改善命令を出すことができるようになった。

#### 施設設置の届出と計画変更命令

ばい煙発生施設を設置しようとする者は，その施設の種類，構造，ばい煙処理の方法などを知事に届け出ることが義務づけられている。知事は，当該施設が排出基準を遵守できないと認めるときには，届出を受理した日から60日以内に，**計画変更命令**または計画廃止命令を出すことができる。届出者は，60日を経過した後でなければ，ばい煙発生施設を設置することができない。ほぼ同じ仕組みが，水質汚濁防止法でも採用されている。届出と計画変更命令との組み合わせで，実質的に許可制と類似の機能を果たしている。

### 環境基準

事業者が排出基準を守っていたとしても，工場が集積する地域では，汚染物質も集積して環境が悪化する。そこで，《工場などの個々の汚染物質発生源の規制にではなく，地域環境の質の管理に重点を置いたアプローチが必要になる》。そのための道具として登場したのが，**環境基準**である。環境基準の導入により，地域環境の質を評価するモノサシが与えられ，地域環境の質を定量的に管理することが可能になった。そして，環境基準の達成を多様な手法を用いて計画的に遂行するというスタイルが可能となった。すなわち，環境基準を達成するために，排出基準を用いた環境規制がなされ，必要であれば**総量規制**（⇒214頁）などが行われる。

環境基本法16条1項によれば，環境基準とは，「大気の汚染，水質の汚濁，土壌の汚染及び騒音に係る環境上の条件について，それぞれ，人の健康を保護し，及び生活環境を保全する上で維持されることが望ましい基準」である。「維持すべき基準」ではなく，「維持されることが望ましい基準」とされているのは，環境基準の達成が法的義務ではなく，行政上の努力目標として制度化されていることを示している。達成が義務づけられる法的な義務であれば，実現可能な環境基準しか設定できないが，努力目標であれば，達成可能性を考慮しながらも，人の健康を保護するのに必要な水準を重視して，環境基準を決めることが容易になる。

図表7－3　大気汚染にかかわる環境基準の例

| 物　質 | 環　境　基　準 |
|---|---|
| 二酸化硫黄 | 1時間値の1日平均値が0.04ppm以下であり，かつ，<br>1時間値が0.1ppm以下であること。 |
| 一酸化炭素 | 1時間値の1日平均値が10ppm以下であり，かつ，<br>1時間値の8時間平均値が20ppm以下であること。 |
| 浮遊粒子状物質(SPM) | 1時間値の1日平均値が0.10mg/m$^3$以下であり，かつ，<br>1時間値が0.20mg/m$^3$以下であること。 |
| 光化学オキシダント | 1時間値が0.06ppm以下であること。 |
| 二酸化窒素 | 1時間値の1日平均値が0.04ppmから0.06ppmまでの<br>ゾーン内またはそれ以下であること。 |
| ベンゼン | 1年平均値が0.003mg/m$^3$以下であること。 |
| トリクロロエチレン | 1年平均値が0.13mg/m$^3$以下であること。 |
| テトラクロロエチレン | 1年平均値が0.2mg/m$^3$以下であること。 |
| 微小粒子状物質<br>(PM2.5) | 1年平均値が15$\mu$g/m$^3$以下であり，かつ1日平均値が<br>35$\mu$g/m$^3$以下であること。 |

### *Column*㊷　環境基準の法的性質

環境行政の努力目標である環境基準が，法的効力を及ぼす現象が生じている。総量規制は環境基準が達成できない地域で行われ，総量削減計画も環境基準に照らして目標が設定され，個別の事業所に遵守が義務づけられる総量規制基準もこれに基づいて設定される。また，河川についての排水基準は，排水が河川水で10倍に希釈されるという前提で環境基準の10倍の濃度に設定されるものが多い。さらに，環境基準は，事業の許認可申請に際して義務づけられる環境アセスメントでも評価基準として機能するし，民事の差止訴訟や損害賠償訴訟においても加害行為の違法性判断の実質的な基準として機能している。しかし，二酸化窒素の環境基準改定告示が争われた東京高判昭62・12・24は，環境基準を国民に対する法的拘束力ある規範と解することはできないと判示した。

#### 総量規制

工場等が集積しているために排出基準のみによっては環境基準の確保が困難な地域では，**総量規制**がなされる。総量規制の行われる地域では，都道府県知事は，気象，地形，発生源の状況等，地域の特性を考慮に入れつつ，その地域内で許容される汚染物質の総排出量を算定して，その範囲内に総排出量が収まるように総量削減計画を作成し，排出基準に代わる**総量規制基準**を設定する。例えば，硫黄酸化物の総量規制では，環境基準に照らして硫黄酸化物総量削減計画が策定され，事業所が遵守すべき総量規制基準が設定される（大気汚染5条の2・5条の3）。総量規制基準が適用されない排出量の少ない工場では，燃料の硫黄含有率を制限する基準となる**燃料使用基準**が適用される（15条の2第3項）。

大気汚染防止法に基づくばい煙の総量規制では，事業所ごとに排出許容量が割り当てられる（5条の2第4項)。これは，排出基準がばい煙発生施設単位の規制基準であるのに対して，事業所を一つの発生源として取り扱う点に特徴がある。事業者は，事業所内にある複数の発生源それぞれの排出量削減コストを考慮して，低コストで排出量を減らすことのできる発生源については大幅に排出量を削減するなどして，効率よく低費用で全体としての排出量の削減を行うことができる。さらに，事業者による排出量の削減努力によって，あらかじめ割り当られていた排出許容量を使い残した場合に，使い残した排出許容量を他の事業者に売却して利益を得ることを認めることも制度設計としてはあり得るところである。このような考え方が，排出枠の取引という考え方につながっていった（⇒221頁)。

### Column㊸ 水質総量規制

東京湾，伊勢湾または瀬戸内海のような汚濁の著しい広域的な閉鎖性水域に流入する汚濁負荷の総量の削減のために，水質の総量規制が行われている。対象物質は，化学的酸素要求量（COD），および窒素・リンの含有量である。水質総量規制の対象地域は，対象閉鎖性水域の流域全体に及ぶところに特徴がある。例えば，瀬戸内海の水質総量規制は，淀川流域の京都市の事業場にも及んでいる。総量規制基準は，事業場単位の汚濁負荷量の許容限度で定められる。

**自動車排出ガスに対する規制**

都市生活型公害の典型である自動車の排出ガスによる都市大気汚染の対策として，大気汚染防止法 19 条により，自動車の排出ガスの規制が行われている。自動車排出ガスの量の許容限度が定められ，それを充たさない自動車は，道路運送車両法 41 条によって，運行の用に供することが禁止されている。平成○○年規制と呼ばれる排出ガス規制がこれである。この規制は，自動車の排出ガス性能についてのものであり，自動車の型式認証制度を通じて効果が担保されるので，実質的な被規制者は自動車メーカーである。

自動車 NOx・PM 法により，窒素酸化物対策地域・粒子状物質対策地域で適用される窒素酸化物排出基準・粒子状物質排出基準に適合しない自動車は，当該地域で新車登録および登録更新ができなくなった。東京都の環境確保条例では，独自の粒子状物質排出基準を充たさないディーゼル自動車の都内での走行を禁止した。

## 2 土地利用規制を用いた手法

**都市計画**

環境の保全および形成において，計画とそれに基づく土地利用規制の果たす役割は大きい。身近なところでは，都市環境の保全と形成に用いられる**都市計画**がある。都市計画区域を**市街化区域**と**市街化調整区域**（市街化を抑制すべき区域）に分けることにより，市街化調整区域の開発が抑制される。これにより，スプロール現象（無秩序な開発）を防止するとともに，市街化調整区域の自然環境が保全される。市街化区域内も，**用途地域**の指定がされ，大まかにいえば，住居系地域，商業系地域あるいは工業系地域に分けられる。そして，それぞれの用途に適した環境を形成する仕組みが採用されている。用途地域に応じて，建物の用途や建ぺい率・容積率の規制がなされる。都市計画による規制は，建物の建築に際して義務づけられる**建築確認**を通じて，その遵守が担保される仕組みになっている。

その他の地域地区として，風致地区，緑地保全地域（都市緑地法），生産緑地地区（生産緑地法），景観地区（景観法），歴史的風土保存地区（古都保存法）などがあり，これらも都市計画に組み込まれる。

**Column㊹ 都市計画ということ**

用途地域制は，土地利用の純化を図り，良好な都市環境を実現しようとするものである。しかし，工場がすでに存在する土地が第一種低層住居専用地域に指定されたとしても，直ちに工場の存在自体が違法となるものではない（**既存不適格**）。現在の工場を取り壊して新しい工場を建てようとしたときに，そこに工場を新築することは認められないというに過ぎない。すなわち，用途地域が定められてもすぐに地域環境が変化するのではなく，年を経るごとに徐々に指定された用途にふさわしい建物に入れ替わっていくのである。このように，街づくりのプランを提示して，時間をかけて達成していくところに，都市計画の計画たる所以がある。

**都市緑地の保全**

都市環境の保全にとって，都市緑地の保全が重要である。都市計画法の風致地区が，都市における良好な自然環境保全の原点であった。今日では，都市緑地法に基づいて，**緑の基本計画**に沿って，特別緑地保全地区，緑地保全地域，あるいは緑化地域などが指定される。特別緑地保全地区では，現状凍結的な保存が行われ，建築行為や竹木の伐採には許可が必要である。緑地保全地域は，**里山里地**などの都市近郊の比較的大規模な緑地が指定され，一定の行為に届出を義務づけるなど，土地利用と調和した緩やかな規制がされる。緑化地域は，緑化の促進のための制度であるが，大規模敷地での新増築に際して，敷地の緑化率について規制する。生産緑地法に定める市街化区域内の**生産緑地地区**も都市における重要な緑地の供給源である。

**Column㊺ 都市における生物多様性の確保**

**都市公園**は都市における基幹的緑地である。河川の緑，道路沿いの緑あるいは宅地の生垣などを**緑の回廊**とすることにより都市公園を中心とした都市の緑地を連結して，十分な面的広がりを確保することが目指されている。すなわち，**ビオトープ**（生物の生息空間）としての緑地の保全創出とネットワーク化を通じて，都市における生物の生息域を形成し，都市における生物多様性を確保しようということである。このとき，里地里山などの都市近郊の**二次的な自然環**

**境**のもつ豊かな生物相（地域に生息する生物の種類組成）が，都市への生物相の供給源となることが期待されている。

**自然環境の保全**

自然保護に大きな役割を果たしているのは，国立公園などの自然公園である。日本の国立公園は，民有地も含めて国立公園に指定する**地域制公園**（ゾーニング公園）である。この点で，アメリカのように国有地を国立公園とする**営造物公園**と異なり，国立公園に指定された土地の財産権の保護との関係で調整が必要となる。国立公園の特別保護地区に指定されると厳しい規制に服し，開発はもちろん木竹の損傷や植物の採取にいたる行為まで許可が必要とされる。特別地域においても開発行為等に許可が必要とされる。国立公園は，優れた自然の風景地の保護とともに，その利用の増進を図ることを目的としている。これに対して，自然環境保全法の定める原生自然環境保全地域および自然環境保全地域等は，地域内での行為を厳しく制限し，自然環境の保全を徹底して行うものである（⇒ 22 頁以下）。

### *Column*㊻ 財産権保護との調整

緑地保全地域で開発行為等を禁止する命令を受けた者は，損失補償を求めることができる。また，特別緑地保全地区の土地所有者は，土地利用行為の許可を得ることができず土地利用に著しい支障をきたすときには，都道府県知事に対して土地の買入れを請求することもできる。同様に，自然公園法 64 条にも，**不許可補償**についての規定があるが，補償金額が 0 円とされたことが争われた事件で，裁判所は，「特別地域の指定自体が解除されない限り，はじめから許可される余地も見込みもなかったものであって，許可申請の濫用というべきものであったと解されるから，このような申請に基づいてなされた本件不許可決定による本件山林の公用制限は，本公園の特別地域の指定自体によって生じる公用制限の範囲内にとどまるものであって，本件山林の所有権に内在する制約の範囲を超えるものではないと解すべきである。従って，X が本件不許可決定による本件山林の公用制限の結果何らかの損失を受けたとしても，その損失は，憲法 29 条 3 項の趣旨に照らしても，その補償を要するものではないというべきである」（東京高判昭 63・4・20）とした。

### *Column*㊼ ナショナルトラスト運動

貴重な自然環境や緑地を保護するには，それらの存する土地の権原を取得するのが有効なやり方である。政府によって保全すべき土地の取得も進められているが，市民が資金を出し合って貴重な自然地域や歴史的建造物を買い取ることも行われている。市民によるこのような活動を，ナショナルトラスト運動と呼んでいる。「知床 100 平米運動」などが有名である。自然環境保全法人と認定されたナショナルトラスト法人への寄付等には，税制上の優遇がなされる。地域自然資産法（2014 年）は，自然環境トラスト活動について規定し，自治体によるトラスト事業および民間のトラスト事業への支援について定める。

## 3 経済的手法と情報手法

#### 経済的手法

事業者や市民に環境負荷を低減する**経済的誘因**を与えて政策目標を実現するやり方は，**経済的手法**と呼ばれている。排出枠取引制度，排出課徴金，公害防止行為への補助金や税の優遇，あるいは預託金払戻制度などが，経済的手法の代表的なものである。汚染者負担原則（⇒ 162 頁）に適合的なのは，排出課徴金のように環境に負荷を与える行為に経済的負担を課すタイプのものであるが，環境負荷を低減する行為に対して補助金を与えるタイプが政治的抵抗も少なくて導入が容易である。

《経済的手法は，必ずしも特定の環境負荷行為を違法と断じて禁止するものでなく，金銭的誘因を与えて環境負荷の少ない行為に誘導するに過ぎない》ので，個別のケースで事業者等の行為を確実にコントロールすることはできないという弱点を有する。しかし，このような非権力的性質ゆえに，それ自体は違法と非難できない通常の都市生活や事業活動の集積によって生活環境の悪化がもたらされている都市生活型公害や地球環境問題への対応手段として適しているといえる。

**課徴金・補助金・預託金**

1970年代に制度化された汚染負荷量賦課金（公害健康被害補償法）は，世界でも初期の頃の排出課徴金の例であった。環境目的の排出課徴金ではないが，ガソリン税や軽油取引税などが類似の機能を果たした。近年では，化石燃料の産出・輸入に課税される地球温暖化対策税がある。産廃税や廃棄物処理料金も，廃棄物の発生抑制の誘因を与える。税による誘導としては，環境負荷に応じて税率を差別する**自動車税のグリーン化**その他のエコカー減税や，公害防止装置に対する特別償却制度がある。都心部への自動車の乗入れを抑制するために，都心部の高速道路料金を割高にして湾岸道路に自動車を誘導したり，都心部への乗入れに課徴金を課したりする**ロードプライシング**も，有効な経済的手法である（なお，地域自然資産法の入域料とは異なり，地方自治体が環境政策実施の財源確保の目的で，住民税に上乗せして徴収する森林環境税は，経済的な誘因を持つものではない点に注意が必要である）。**補助金**は，様々な分野で用いられているが，身近なところでは，合併処理浄化槽の設置を促進するために，設置者に対して費用の多くの部分を補助する制度を挙げることができる。エコポイント制度や，再生可能エネルギー発電電力の**固定価格買取制度**（feed-in tariff）も，補助金制度の一種である。

**預託金払戻制**（デポジット制）は，かつて日本でもおなじみの制度であった。ビン入りのジュースや酒類を購入するときに，10円あるいは30円のビン代を購入時に払い，販売店に空ビンを戻せばビン代を返却してもらうのが，日常の風景としてみられていた。この仕組みを，使用後の不法投棄が危惧される製品に応用するのも一つの方法である。これは，リサイクルルートに製品を戻すための経済的誘因として働く。

### Column㊽　ガソリン税と軽油取引税

注意が必要なのは，ガソリン税と軽油取引税との関係である。ディーゼル自動車はガソリン自動車に比べて窒素酸化物や粒子状物質の排出量が多いが，ディーゼル自動車に用いる軽油にかかる軽油取引税は1ℓ当たり30円強であるのに対して，ガソリン税は50円強である。この税額の差は，燃料費にそのまま反映するので，ガソリン自動車よりもディーゼル自動車を経済的に有利なものとしてしまい，環境負荷の相対的に高いディーゼル自動車を利用する誘因を与える結果となった。

#### 排出枠の取引

《**排出枠の取引制度**は，汚染物質の排出を行うには排出枠を取得しなければならないことを前提として，使用しなかった排出枠を市場等で取引することを認める仕組みである》。排出量削減の結果，使用せずに済んだ排出枠を市場で売って利益を得ることができるので，排出量削減への経済的誘因を発生させる。アメリカの二酸化硫黄の取引可能な排出枠や，京都メカニズムとして認められた温室効果ガスの排出量取引が有名である。日本でも，$CO_2$ 削減のために事業者の自主参加型の国内排出量取引制度が，2005 年から 2013 年まで実施された。東京都では，2010 年より一定規模以上の事業所を対象にして，エネルギー起源 $CO_2$ 排出量削減の義務づけを伴う排出量取引制度が導入されている。2011 年より埼玉県も同様の制度を実施している。国レベルでの法的な $CO_2$ 排出量取引制度は，地球温暖化対策基本法案で導入が目指されたが，廃案となった。また，取引可能な排出枠に類するものとして，再生可能エネルギー発電相当量の取引を認めた RPS 制度があった。

京都議定書のスキームでは，森林による $CO_2$ の吸収量が排出削減量としてカウントされた。反対に，森林の消失は森林に蓄えられていた炭素が $CO_2$ として大気中に放出されることになるので，これを防止することも重要である。森林を適切に管理して森林劣化による $CO_2$ 放出を防いだことに報いるために，放出削減量に応じて排出枠クレジットを付与する仕組みが REDD+である。

取引可能な排出枠制度は，経済的手法であるとともに，排出枠の総数をコントロールすることによって，総体としての排出量を管理することができるので，総量規制としての性格も併せ持っている。排出枠の初期配分の仕方が，汚染者負担原則との関係で重要である。

### *Column*㊾ 開発権の取引

自然や歴史的地区の保全とそれに伴う土地利用制限による財産権侵害とを調整する道具として，**取引可能な開発権**（transferable development rights）がある。保全すべき土地の開発権を移転可能なものとし，これを取得した者は一定の条件の下で，その取得した開発権分だけ余分に自らの土地の容積率等を割り増しすることができるというものである。開発権の譲渡益が，保全のための土地利用規制に対する補償の役割を果たす。日本でも特例容積率適用地区などの形で導入されている。東京駅丸の内側の赤レンガ駅舎の保全にも使われた。

#### 情報手法とその背景

政府がグリーン購入をしていることをはじめとして，環境に配慮した消費行動をとる**グリーンコンシュマー**や**グリーン購入ネットワーク**に参加する事業者も増加し，環境に配慮した製品やサービスが優先的に購入されるようになってきた。このようなグリーン化した市場では，環境に配慮した製品・サービスであることが市場競争力につながる。そして，環境に配慮した企業がブランド価値を高めて競争に勝ち，逆に環境に配慮していない製品や事業者は淘汰される。企業の債券格付けにも，環境問題への取組みの程度が影響を与える。このような状況においては，製品や事業者についての環境情報が正確に市場に伝わる仕組みを整備することが，環境規制として機能する。

情報手法が環境規制の手法となりえたのには，測定技術の進歩により環境を情報化することが容易にできるようになったことと，IT 革命により環境情報の管理が容易になりかつ情報伝達コストが極端に低減したことが大きく貢献している。

#### エコマークと環境規格

エコマークに代表される**エコラベル**は，製品が環境に配慮されたものであるという情報を伝達する。エコラベルの信頼性の確保とともに，製品の製造から廃棄までの全段階での環境負荷の評価（**ライフサイクルアセスメント**）の情報を反映させることが課題である。持続可能性に配慮して管理されている森林から産出される木材を認証して与えられる FSC（Forest Stewardship Council）マークは，国際的なエコラベルとして有名である。**カーボンフットプリント**も温室効果ガス排出量の「見える化」に寄与する。環境管理システムの規格化（例えばISO14001規格など）は，規格認証を受けた事業者の環境イメージを向上させるとともに，事業活動に環境配慮システムを埋め込むことになる。規格の内容としては，**環境監査**と**環境報告書**の義務づけが重要な要素になると考えられる。環境管理規格の取得圧力は，大企業にとどまらず，サプライチェーンを通じて中小下請け企業にも及んでいる。

### PRTR

化学物質排出把握管理促進法が採用した**PRTR**（環境汚染物質排出移動登録）制度は，事業所による化学物質の環境中への排出量を「見える化」する制度である。この制度自体は，化学物質の排出を直接規制するものではない。しかし，PRTRの情報に基づいて地域社会からの排出量削減圧力が事業者に加えられるとともに，市場でのブランドイメージ悪化を回避するために事業者も自主的に排出量の削減に取り組まざるをえなくなる。

温室効果ガスの排出量の報告も事業者に義務づけられているが，その開示範囲を巡り，争いとなったこともある（最判平23・10・14を参照）。

**Column㊿　経済的手法と情報手法**

《汚染防止費用の負担を免れることによって安く生産された製品を購入することは，汚染に加担することにつながる》。グリーンコンシューマーの増加は，この論理の浸透を反映するものである。情報手法は購入者の善意に依存する部分が大であるが，経済的に窮すると善意を維持することが困難になり，情報手法も機能しなくなる。そこで，環境に配慮した製品等を経済的手法によって価格的にも有利なものとすることによって，環境負荷の少ない製品を優先的に購入するグリーンコンシュマー等をサポートすることが必要である。なお，経済的手法と情報手法は，ともに市場を利用した規制手法という側面を持つ。

## 4 その他の手法

**事業手法**

環境保全は，政府が積極的に環境保全・改善のための行動をとることによって実現されることも多い。特に，都市生活型公害は，通常の産業活動や都市生活に起因するので，都市基盤の整備が問題解決に寄与する。蓄積した汚染物質を除去する事業も，必要となる。

生活排水による水質汚濁対策の中心は，**下水道**事業である。下水道は，各家庭まで下水道管を張り巡らせて生活排水を集めて，下水処理場で処理・浄化して河川等の水域に放流するシステムである。これによって，生活排水が未処理のまま，家庭から河川に放流されることがなくなる。この下水道システムの建設は，非常に大規模な土木事業であり，建設には膨大な費用と歳月が必要である。今日では，全人口の約４分の３に下水道が普及している。下水道による生活排水対策は，人口密集地域では効率的なやり方であるが，その建設コストを考慮に入れると，人々が散在している地域では，決して効率的な手法とはいえない。そのため，このような地域では**合併処理浄化槽**の設置が促進されている。

湖沼等の水質の改善のために，窒素やリン等の栄養塩類を多く含む底泥の**浚渫**（しゅんせつ）が行われている。これは，底泥から栄養塩類が溶出することを防ぎ，汚濁負荷の流入量の削減効果を水質改善に反映するために必要な施策である。また，ヨシなどの水生生物に栄養塩類を吸収させて汚濁物質を除去して湖沼を直接浄化する**植生浄化**も行われている。流量の豊富な河川から汚濁の進んだ湖沼に浄化用水を導入して，湖沼の水質改善を図る導水事業も行われている。

自動車の排出ガスによる都市大気汚染の解決策として，逆説的にきこえるが，道路建設が挙げられることがある。都市中心部を走る主要道路にバイパスを造ることによって，**通過交通**に都市部を迂回させることが，都市部の交通量を減らすとともに，渋滞を回避することにつながる。交通渋滞は，自動車の路上滞留時間を増加させるとともに，エンジンに負荷をかけて排出ガス中の汚染物質を増加させる。渋滞緩和という点から，都市部の道路を整備してスムーズな交通を確保することも，大気汚染対策となる。駐車場を整備して路上駐車を減らすことや，都市高速道路料金所のETC化も，渋滞緩和による大気汚染対策という側面を持つ。

**環境配慮の仕組みの埋込み**

環境に配慮した活動を事業者に行わせるには，事業者の内部に環境問題に責任を持つ専門知識を有する組織を設置させることが必要かつ有効である。その例として，**公害防止管理者**や**産業廃棄物処理責任者**の配置の義務づけが挙げられる。さらに，第三者専門機関による環境監査を受けることを事業者に義務づけることになれば，自主的な環境配慮のためのより強力なシステムとなる。ISO 14001やエコアクション21などの**環境管理規格**の取得の推奨も，こうした流れの中で捉えられる。

汚染物質の排出量の測定と記録を義務づけて，排出基準の違反があれば自らチェックできる仕組みが，大気汚染防止法などで採用されている。PRTR 制度も，第一義的には，汚染物質の排出量の把握と自己管理のためのシステムである。また，事業者に廃棄物減量計画や自動車窒素酸化物等の排出抑制計画等を作成・提出させ，その実施状況を報告させる仕組みも，事業者の自主的な環境配慮行動を促進する。環境アセスメント制度も，環境に影響を及ぼす可能性のある行為に際してその環境影響を事前に調査，予測，評価し，これを当該行為に反映させる環境管理システムである。

#### 契約手法

事業者と地元自治体や住民が公害の防止を目的として結ぶ契約は，**公害防止協定**あるいは**環境保全協定**と呼ばれている。事業者が法令上の規制よりも厳しい義務を負うこと，一定の公害防止施設の設置，行政や住民の立入検査権，情報開示，あるいは公害発生時の損害賠償や操業停止などについて定められる。公害防止協定は，1960 年代の法律や条例による公害規制が不十分であった頃，それを補うものとして広がっていった。今日でも，地域の特性に合ったきめ細かい公害防止対策の実施や，地域住民との信頼関係の構築に，重要な役割を果たしている。福島第一原発事故後には，原子力安全協定が注目を浴びている。公害防止協定の法的性格について，かつては法的拘束力のない紳士協定に過ぎないといわれることもあったが，今日では条項の内容に応じて法的拘束力を持つ契約として認められている。例えば，最判平 21・7・10 は，許可の有効期間内に到来する廃棄物処分場の使用期限を定める公害防止協定の効力を承認した。

自然保護や緑地の保全のために，土地所有者等と行政等が協定を結ぶことがある。例えば，地方自治体（あるいは公園管理団体）は，自然公園内で土地所有者等と**風景地保護協定**を締結し，土地所有者等に代わり自然の風景地の管理を行うことができる（自園 43 条）。

地方自治体（あるいは緑地保全・緑化推進法人）は，緑地保全地域または特別緑地保全地区内の緑地の土地所有者等と**管理協定**を締結して，土地所有者等に代わって緑地を管理することができる（都市緑地 24 条）。自然保護や緑地の保全には，相当な費用と労力を要するため，土地所有者等に代わって行政や NGO による管理が必要な場合もあるという現実が，このような制度の背景にある。地方自治体や緑地保全・緑化推進法人が土地所有者等と契約して，当該土地を住民の利用に供する緑地として一定期間管理する**市民緑地契約**（55 条）も，同様な仕組みである。

市街地の良好な環境を保全するために，一団の土地にかかわる土地所有者等の全員の合意によって，緑地の保全又は緑化に関する協定（**緑地協定**）を締結することができる（45 条）。市町村長がこの緑地協定を認可したときには，後に当該地域の土地所有者になった者にも，緑地協定の効力が及ぶ。民有地の緑地保全および緑化促進の仕組みである。第三者に対する**承継効**を発生させる同様な仕組みとして，**建築協定**（建基 69 条）や**景観協定**（景観 81 条）がある。

グリーン購入法（国等による環境物品等の調達の推進等に関する法律）は，国，自治体および独立行政法人に，再生品その他の環境への負荷の低減に資する物品を優先的に購入する努力義務を課した（3 条・4 条）。これは，個別の購入契約の背後にある国等の購買力を利用して，環境への負荷の少ない製品やサービスに対する需要を創造し，これらの製品等の供給を支援する役割を果たす。

**責任追及の強化**

汚染の防止には，汚染原因者に原状回復責任あるいは損害賠償責任を厳しく追及する制度を作ることが有効である。例えば，委託基準に反してあるいは適正な対価を負担しないで廃棄物処理業者に廃棄物処理を委託した排出事業者は，原状回復命令を受ける可能性がある（廃棄物19条の5・19条の6）。これは，マニフェスト（管理票）制度（⇒72頁以下）による廃棄物の流れの把握可能性の向上と一体となって，廃棄物の排出事業者の責任を重視し，排出事業者に責任の一端がある不適正処理について，その防止を狙うものである。土壌汚染が発生したときに土地所有者に浄化責任を負わせる仕組み（土壌汚染7条）も，土地所有者の無責任な態度を是正する役割を果たす。

### Column㊿ 汚染対処費用の支払能力証明

環境汚染リスクがある行為を行う者に，事故発生時の賠償費用や原状回復費用を負担する能力の証明を求める仕組みも効果的である。例えば，船舶油濁損害賠償保障法は，総トン数100t以上の外国船の日本の港への入港に対して，保険加入等の支払能力の証明を求めている（39条の4第2項）。ガソリンスタンドや廃棄物処理施設の設置許可の要件に，支払能力証明を求めている国もある。保険の購入には保険会社のリスク審査があり，リスクの高い行為者は保険を購入できないので，許可を得ることができない。このように，実質的に**環境保険**への加入を要求することは，保険会社の審査を通じた環境規制として機能することになる。

## 参考文献

### 第1節

◎環境行政の執行過程の実態については

＊北村喜宣『行政法の実効性確保』（有斐閣・2008）

◎トータルな水環境行政について琵琶湖を素材に論じるものとして

＊阿部泰隆＝中村正久編『湖の環境と法』（信山社・1999）

### 第2節

◎都市緑地の保全の手法について

＊平田富士男『都市緑地の創造』（朝倉書店・2004）

＊上田恭幸『みどりの都市計画』（ぎょうせい・2004）

◎自然保護の手法について

＊及川敬貴『生物多様性というロジック』（勁草書房・2010）

＊畠山武道『自然保護法講義〔第2版〕』（北海道大学図書刊行会・2004）

＊神山智美『自然環境法を学ぶ』（文眞堂・2018）

### 第3節

◎経済的手法の経済学的基礎づけに関して

＊植田和弘＝岡敏弘＝新澤秀則編著『環境政策の経済学』（日本評論社・1997）

◎地球温暖化対策について経済的手法を中心に検討するものとして

＊大塚直編著『地球温暖化をめぐる法政策』（昭和堂・2004）

◎排出権取引制度について

＊大塚直『国内排出枠取引制度と温暖化対策』（岩波書店・2011）

◎情報手法に関して

＊環境法政策学会編『環境政策における参加と情報的手法』（商事法務・2003）

### 第4節

◎環境行政の手法について理論的検討を加えるものとして

＊黒川哲志『環境行政の法理と手法』（成文堂・2004）

＊曽和俊文『行政法執行システムの法理論』（有斐閣・2011）

＊大塚直先生還暦記念論文集『環境規制の現代的展開』（法律文化社・2019）所収の関連論文

# 第8章　環境紛争とその解決方法

## はじめに

本章では，環境問題に関わって発生した紛争を解決する手段，特に様々な訴訟の仕組みについて学ぶ。**1**では，環境民事訴訟ということで，訴訟よりも簡易迅速な解決を目指す公害健康被害補償制度と公害紛争処理制度について概説した後，損害賠償訴訟と差止め訴訟について重点的に解説する。そこでは，民法709条の適用に際して問題となる過失の有無や因果関係の存否，あるいは差止めを認めるだけの違法性の有無といった論点が取り上げられる。そうした論点は民法学習の華ともいうべきものであるが，環境事件に関わるとそれはどのような色彩を帯びるのかという視点をもって読み進めてほしい。

**2**では，環境行政訴訟として，行政事件訴訟，国家賠償訴訟および住民訴訟の三つを解説する。まず，行政事件訴訟では，行政機関が行った決定に不服のある者がその取消しを求めて提起する訴訟，すなわち取消訴訟の説明が中心になる。環境問題に関わる紛争は，例えば，ゴルフ場の開発を計画している事業者が行政機関から事業に必要な許可を受けたところ，自然破壊を憂える第三者がその許可に不服を覚え，裁判所にその取消しを求めるというように，三極構造になることが多い。そのような場合に，その第三者は許可決定の相手方でもないのに訴訟を起こす資格があるのだろうかということが重要な論点となる。

続いて国家賠償訴訟の項では，特に，行政機関がもう少し早く権限を行使してくれていたら企業活動による被害の拡大を防止できたはずだというような局面に着目する。公害の被害者が国や地方公共団体を相手取って損害賠償訴訟を起こすのは，まさにこの局面である。このようにして行政機関が権限の行使を怠ったことの責任を追及するのは大変難しいが，ときに原告が勝訴することもある。その場合の判決の論理構成をしっかり学んでほしい。

それから，地方公共団体が環境破壊を招くような公共事業の実施計画を打ち出している場合に，それには必ず財務会計行為が附随することに着目して，地方自治法に定められた住民訴訟を提起することが考えられる。この訴訟は，地方公共団体の財務会計行為の歪(ゆが)みを是正するための制度であり，その地方公共団体の住民であれば誰でも提起できることもあって，実際によく利用される。そこで，その仕組みの概要を解説しておく。

さて，最後の **3** では，国際環境紛争の解決を扱う。国家間の紛争については，国際法の伝統的な解決手段というものがあり，最終的には国際裁判を利用することもある。国家間の環境紛争の解決も，基本的にはやはりこの伝統的な方法による。しかし，国際環境紛争といっても全地球規模の環境問題の場合は，関係する条約において，伝統的な解決方法のほかに，義務履行の確保のための特別の手段が設けられている。そのような特別の手段が必要となる理由を十分に理解したいものである。

# 1　環境と民事紛争

## ① 民事紛争の解決方法

公害の被害者が加害者に対して差止めや損害賠償を求めても，加害者が任意に履行に応じない場合，民事裁判によって紛争を解決することが考えられるが，それには以下のような問題点がある。

すなわち，①手続が厳格であることから判決確定による解決までに多くの時間と費用を要すること，②弁論主義の下で原告側が多くの要件事実について証明責任を負っていることと，特に公害等については被害発生に至るメカニズムが複雑なことが多いことから，被害者側に大きな立証上の負担が課されること，③勝訴判決が確定したとしても加害者に賠償金の支払い能力がなければ救済に結びつかないこと，④そもそも裁判は原告（被害者）と被告（加害者）との間の個別的な解決であって，公害地域の全体的解決に必ずしも結びつかないこと，などが指摘できる。

そこで以下では，民事裁判の①②③の問題点を踏まえた制度として公害健康被害補償制度，①②④の問題点を踏まえた制度として公害紛争処理制度を説明する。

**公害健康被害補償制度**

**公害健康被害補償制度**は，公害を原因とする健康被害について，行政機関による公害患者の認定手続を通じて被害者を簡易・迅速に救済するとともに，行政機関が汚染原因者から賦課金を広く集めることによって被害者を確実に救済する制度である。

この制度は，四日市公害事件判決を契機に1973年に制定された公害健康被害補償法としてスタートし，1987年の改正で公害健康被害の補償等に関する法律と名称が変更された。

公害健康被害補償制度の特色・概要は以下のとおりである。

⑴　民事責任を踏まえた損害補償制度であり，逸失利益や慰謝料の要素も補償にあたって考慮されている。

⑵　大気汚染によって気管支炎やぜん息などの非特異性疾患が多発している地域を**第一種地域**，大気汚染または水質汚濁による特異性疾患が多発している地域を**第二種地域**という（政令による指定）。41あった第一種地域は1987年の法改正に伴い翌年すべて解除されて新規の患者の認定はされていないが，第二種地域については水俣病やイタイイタイ病などに関する5地域が指定されている。

⑶　第一種地域の非特異性疾患については，その地域に一定期間居住・通勤したことおよび指定疾病に罹患したことによる因果関係の制度的な割り切りがなされるのに対し，第二種地域の特異性疾患については，因果関係の個別的な認定がなされる（中でも水俣病の認定に関しては裁判で争われることが多かった）。

⑷　第一種地域の患者に対する補償金は，①**汚染負荷量賦課金**（全国の一定規模以上の施設から排出された硫黄酸化物の量に応じて強制的に徴収される）と，②自動車重量税の収入の一部（自動車が移動発生源の中心であることによる）から支払われ，①と②の分担割合は8対2とされている。第二種地域の患者に対する補償金については，原因物質を排出する企業から原因の度合いに応じて徴収される**特定賦課金**による。公費は，事務費として支出されているが，補償金としては支出されていない。

### Column52 石綿健康被害をめぐる立法と裁判

2005年，株式会社クボタの元従業員や工場周辺住民に石綿（アスベスト）が原因とみられる健康被害や死亡が多数判明し，これを契機に，石綿による健康被害者等の迅速な救済を目的とする石綿健康被害救済法（「石綿による健康被害の救済に関する法律」）が立法された（2006年3月施行）。救済対象は，石綿を原因とする指定疾患（中皮腫，気管支がん，肺がん，著しい呼吸機能障害を伴う石綿肺・びまん性胸膜肥厚）に係る健康被害者およびその遺族で労災補償の対象とならない者であり，救済給付は，医療費（自己負担分），療養手当（月額約10万円），葬祭料（約20万円）のほか，法施行前に死亡した健康被害者の遺族に対する遺族弔慰金（約280万円）などからなる。汚染原因者から賦課金を徴収する公害健康被害補償制度とは異なり，労働者を雇用する全事業者から労災保険の料率を引き上げる形で幅広く費用負担を求める点に特色がある（石綿が産業基盤に広く使用され，全ての事業者が利益を得てきたとの考え方に立つ）。石綿との関連が特に深い事業者からは追加費用を徴収するとともに，国や地方も負担する。

一方，裁判では，①周辺住民1名に対するクボタの無過失責任（大気汚染25条）を認めたもの（大阪高判平26・3・6），②製造工場の労働者に対する国の一定時期までの安全規制の権限不行使の責任（国賠1条）を認めた最高裁判決（泉南アスベスト訴訟・最判平26・10・9〔2つの高裁判決の分かれていた判断を統一〕）が出ている。③建設現場の作業員に対する国の責任（同条）とメーカー等の共同不法行為責任（民719条1項）については，いずれも一定範囲で肯定する高裁判決が続いている（東京高判平29・10・27，大阪高判平30・8・31，大阪高判平30・9・20，福岡高判令元・11・11。東京高判平30・3・14は国の責任のみ）。

**公害紛争処理制度**

一方，公害紛争処理制度は，公害紛争処理法に基づき，公害に関する紛争を簡易・迅速に解決する制度である。裁判に比べて，手続が簡易であること，職権主義が導入されて立証上の負担が軽減されていること，専門委員による専門知識の活用が図られていること，手数料が安いことなどの特色がある。

紛争処理機関として，国に**公害等調整委員会**が設置されるとともに（公害紛争3条），都道府県には**公害審査会**を設置することができる（13条）。そのほか，都道府県や市区町村は，**公害苦情相談員**を置くことができ（49条），公害担当課を窓口にして，公害苦情相談員等によって苦情処理をすることもできる。

公害等調整委員会は，委員長と6人の委員のほか，30人以下の専門委員からなる。重大事件・広域処理事件・県際事件（連合審査会を置いた場合は除く）などについて，あっせん・調停・仲裁・裁定を行う。2000年6月6日に調停が成立した豊島（てしま）産業廃棄物水質汚濁被害等調停申請事件（⇒68頁*Column*⑱）は，地域全体としての総合的解決につながった事例として有名である。

都道府県公害審査会は，公害等調整委員会の管轄する紛争以外の公害について，あっせん・調停・仲裁を行う。

公害苦情相談は，申立てに相手の同意がいらないこともあって，最も簡易に利用されている制度である。2018年度は6万6803件（典型七公害は4万7656件）が受理され，典型七公害で直接解決した4万3604件の74%が1か月以内（66%が1週間以内）に処理された。解決しないときは，都道府県公害審査会や公害等調整委員会に改めて申請することもできる。

以下，紛争処理機関による紛争処理手続である，あっせん・調停・仲裁・裁定について説明する。

⑴ **あっせん**　紛争当事者の話合いや交渉が円滑に進むように，3人以内のあっせん委員が仲介役として話合いを援助するものであ

り，論点の整理や，あっせん案による和解の促進を行う。

⑵ **調　　停**　3人の委員からなる調停委員会が当事者の出頭を求めて意見を聞くほか，現地調査，参考人の陳述，鑑定等を通じて話合いに積極的に介入し，調停案を提示する。両当事者が受諾すれば権利義務に関する条項は和解契約となる。

⑶ **仲　　裁**　当事者双方があらかじめ第三者の判断に服することを約した上で，3人からなる仲裁委員会が尋問や鑑定による仲裁判断を下す。仲裁判断は確定判決と同一の効力を有する。

⑷ **裁　　定**　当事者の一方の申請に基づき3人または5人からなる裁定委員会が，尋問や証拠調べ等の司法手続に準じた手続を経て法律判断を下す。**責任裁定**は，損害賠償請求権の有無や賠償額について判断するものであるのに対し，**原因裁定**は，因果関係の存否について，専門的かつ集中的に審理し，早期の判断を下すことで，紛争解決を促進するものである。

## 2　損害賠償訴訟

公害等の被害者が加害者に対して損害賠償を請求して訴えを提起するには，①加害者の故意・過失，②権利または法律上保護される利益の侵害，③因果関係，④損害の発生とその額などを，原告である被害者が立証しなければならない（民709条）。また，加害者が複数の場合は，⑤共同不法行為の成立を主張・立証することによって，複数の加害者の連帯責任を追及することもできる（民719条）。

ただし，民法709条の要件のうち，故意・過失については，特別法によって無過失責任に修正されている場合がある。鉱業法109条，大気汚染防止法25条，水質汚濁防止法19条，原子力損害賠償法3条がその例である。なお，大気汚染・水質汚濁の無過失責任は，工場または事業所の事業活動から生じた人身被害（1972年の改正法施行後のもの）に適用され，自動車からの排気ガスによる被害や農業被害には適用がないことに注意してほしい。

以下では，上記の①～⑤について説明する。

### 故意・過失

⑴　公害訴訟で加害者の故意責任が認められることは少ない。安中事件（前橋地判昭57・3・30）では，被告会社は精錬所の操業当初から被害発生を知り，また，精錬所の大増設以降は受忍限度をはるかに超える深刻な被害を与えることを知りながらあえて操業に伴う排煙・排水を継続してきた（つまり，**結果発生の認識・認容**とともに，**違法性の認識**もあった）として，故意責任が認められた。

⑵　一方，過失については，①加害者に結果発生の**予見可能性**があればそれだけで過失が認められるのか，それとも，②**結果回避義務違反**がなければならないのか，が問題とされた。その点が争点となったのが大阪アルカリ事件大審院判決（大判大5・12・22）である。判決は，①の立場をとった原審の判断を破棄し，「事業の性質に従ひ相当なる設備を施した」か否かによって過失の有無を判断すべきものとした。この判決は，①ではなく②の立場をとったという点では今日に至る先例としての意義を認めることができる。しかし，その後の公害関係の下級審裁判例は，上記判決とはやや異なる展開をみせている。

例えば，新潟水俣病事件（新潟地判昭46・9・29）では，化学企業が排水を河川等に放出して処理する場合，「最高の分析検知の技術を用い，排水中の有害物質の有無，その性質，程度等を調査し，これが結果に基づいて，いやしくもこれがため，生物，人体に危害を加えることのないよう万全の措置をとるべきであ」り，「右結果回避のための具体的方法は，その有害物質の性質，排出程度等から予測される実害との関連で相対的に決められるべきであるが，最高技術の設備をもってしてもなお人の生命，身体に危害が及ぶおそれがあるような場合には，企業の操業短縮はもちろん操業停止までが要請される」と判示している。

すなわち，大阪アルカリ事件判決があくまでも「事業の性質」に照らしての結果回避義務を問題としたのに対し，新潟水俣病事件判決や熊本水俣病事件判決（熊本地判昭48・3・20）などは，発生が予見される損害の重大性に照らしての結果回避義務を問題とし，人の生命・身体に危害が及ぶような重大な損害の発生が予見されるときは，操業停止までの重い結果回避義務を課している点で，より踏み込んだ過失判断をしている。また，結果回避義務の前提となる予見可能性について，高度な調査義務（予見義務）を課することによって，予見可能性を幅広く認めようとしている点も重要である。

このような過失判断は，東京スモン事件（東京地判昭53・8・3）のような薬害訴訟にもみることができる。

**権利（ないし法律上保護される利益）の侵害と違法性**

公害や生活妨害による被害は，生命・健康に対する侵害に至らない場合であっても，被害者の人格的利益に対する侵害の問題となりうる。しかし，加害者の行為それ自体は所有権などの権利行使であるため，被害者側の権利（ないし利益）と加害者側の権利（行動の自由）との調整を行う必要がある。そのような調整のために，被害者の権利（ないし法律上保護される利益）に対する加害者による侵害が**受忍限度**を超えて**違法**であるか否かの判断がされ，これによって不法行為の成否が決せられることが多い。

かつて，汽車のばい煙によって由緒ある松が枯れたことによる損害賠償を請求した信玄公旗掛松（しんげんこうはたかけまつ）事件で，大判大8・3・3は，権利の行使が，社会観念上被害者において認容すべきものと一般的に認められる程度を超えて，法律において認められる適当の範囲にあるとはいえない場合には，不法行為が成立しうるとした。この判決は，①権利行使による被害が社会生活上受忍すべき限度を超える → ②権利行使が権利濫用にわたる → ③違法な行為として不法行為が成立する，という考え方をとったものとみることができる。

②を媒介とするのは過渡的な議論であり，今日では，① → ③の考え方がとられている。今日の裁判例では，受忍限度を超えているかについて，原告・被告双方の様々な事情（例えば，被害の程度，侵害行為の態様・公共性，被害防止対策の状況，先住・後住関係，地域性など）が総合考慮されている。近時の判例では，住宅地内の葬儀場に関する事件で，居室から棺の搬入・搬出等がみえるという被害が「主観的な不快感にとどまる」として，受忍限度を超えて居住者の平穏に日常生活を送る利益を侵害するものではないとしたもの（最判平22・6・29。更なる目隠しの設置や慰謝料の請求を認めた原判決を破棄）が注目される（別の違法性の問題であるが，太陽光発電事業者が反対運動をした住民に多額の賠償を請求して提訴したことを違法だとした長野地伊那支判平27・10・28も注目される）。

### 因果関係

(1) 公害については，汚染から被害発生に至るメカニズムが複雑であることから，因果関係の立証が難しく，裁判で大きな争点になることが多い。以下では，公害と因果関係に関する主な裁判例をみていくことにする。

(2) 新潟水俣病事件は，新潟県阿賀野川流域で発生したメチル水銀による中毒症について，被告企業の廃液によるものか否かが争われたものである。新潟地判昭46・9・29は，本件のような「化学公害事件」において，被害者に因果関係の「科学的解明を要求することは，民事裁判による被害者救済の途を全く閉ざす結果になりかねない」として，以下のように論じた。

すなわち，因果関係の立証を，①被害疾患の特性とその原因（病因）物質，②原因物質が被害者に到達する経路（汚染経路），③加害企業における原因物質の排出（生成・排出に至るまでのメカニズム）の３段階に分けた上で，原告側が①②の立証をして「汚染源の追求がいわば企業の門前にまで到達した場合」には，被告企業側が③のないことを立証しない限り因果関係が「事実上推認され」るとしている（この判示から**門前到達理論**と呼ばれている）。

本件事案との関係では，被害者の症状がメチル水銀によるものだという①の立証，メチル水銀はこの川でとれた魚から人体に入ったものであり，メチル水銀が被告企業の排出口から出たという②の立証が原告側からなされたのに対し，被告企業の側は③のないことを立証できなかったことから，因果関係が認められている。

(3) イタイイタイ病事件では，神通川流域で発生したイタイイタイ病と呼ばれる症状（骨が脆くなり体が痛む）が，被告企業の排出していたカドミウムが原因か否かが争われた。名古屋高金沢支判昭47・8・9は，第１審判決と同様，**疫学的因果関係**から，カドミウムが原因であることを認めた。

すなわち，「臨床医学や病理学の側面からの検討のみによっては因果関係の解明が十分達せられない場合においても，疫学を活用していわゆる疫学的因果関係が証明された場合には……法的因果関係も存在するものと解するのが相当であ」り，「臨床および病理学による解明によって，右証明がくつがえされないかぎり，法的因果関係の存在も肯認さるべきである」と判示した（前述した四日市公害事件判決〔津地四日市支判昭47・7・24〕も同様の立場をとる)。

**Column㊾ 疫学的因果関係**

疫学とは《ある集団中に発生する疾病等の発生原因を生活環境との関係から考察して予防対策をする学問》であり，疫学的因果関係とは《生活環境のどの因子が疾病の発生に関連しているかを統計的に検証することによって，ある因子と疾病との間の集団的因果関係を記述するもの》である。

(4) 上記の二つの判決は，民事裁判における因果関係の立証は損害発生に至るメカニズムについて厳密な自然科学的解明を要するものではなく，経験則（そこには疫学も含まれる）に基づく因果関係の推認を認めるべきだとするものである。この流れを受け，最高裁は，医療事件において，因果関係の立証は，自然科学的な証明ではなく，**経験則**に照らした**高度の蓋然性**を証明することで足りるとした（東大ルンバール事件〔最判昭50・10・24〕)。この判示は，その後の公害関係の下級審裁判例においても言及され，公害事件をも含んだ不法行為一般の因果関係の立証に関する原則として確立している。

(5) 疫学的因果関係論は，因果関係の証明度を下げるものと理解されることもあった。しかし，その後は上記最高裁判決の枠組みの下で理解されるようになり，下級審裁判例においても上記最高裁判決の判示に言及した上で疫学的因果関係に基づく因果関係の認定をするものが続いた（千葉川鉄事件〔千葉地判昭63・11・17〕，西淀川大気汚染第1次訴訟〔大阪地判平3・3・29〕など)。

こうして，疫学的因果関係に基づく因果関係の認定について，高度の蓋然性という角度から検討が加えられることになった。

すなわち，疫学的因果関係はあくまでも集団的因果関係を記述するものに過ぎず，ある特定の被害者についての原因を記述するものではないので，疫学的因果関係から直ちに高度の蓋然性をもって特定の被害者についての個別的因果関係を推認できるのかどうかが問題とされた。

例えば，ぜん息には，大気汚染物質のほか，ハウスダスト・労働環境など様々な原因が考えられるので，このような**非特異性疾患**については特に問題とされた。汚染物質の曝露者（ばくろしゃ）（汚染物質にさらされた者）の罹患（りかん）率が非曝露者のそれの5倍以上である場合には，曝露者の8割以上の個人が汚染物質によって罹患したことになるので，疫学的因果関係から個別的因果関係を推認することができる（個別に他原因が立証されない限り，因果関係を認定することができる）。四日市公害事件はそのような事案であった。しかし，千葉川鉄事件のようにそこまで高い倍率でない場合は，直ちに高度の蓋然性をもって因果関係を推認できないことになる。この場合は，個別のレベルで間接事実の積上げをする（他原因として考えられるものを否定していく）ことで，はじめて高度の蓋然性が立証されることになるが，同判決はそれをしていないために批判を受けた。

これに対し，イタイイタイ病については，カドミウム以外にそのような症状をおこす原因が考えられない。このような**特異性疾患**については，疫学的因果関係から直ちに特定の被害者についての個別的因果関係を高度の蓋然性をもって推認することには問題がない。

**損害と損害額の算定**

(1)　交通事故など一般の不法行為訴訟では，発生した損害を**財産的損害**と**精神的損害**（慰謝料）に分けた上で，財産的損害について，破損した物，医療費などの個々の**積極的損害**の損害項目と，入院による収入減などの**消極的損害**（逸失利益）の損害項目とを積み上げて算定する**個別損**

**害項目積上げ方式**に基づいて原告が賠償請求するのが通常である。

しかし，公害被害者が集団訴訟を提起する場合は，①特に逸失利益については個々の被害者の収入の多寡（たか）で損害賠償額に大きな差が生じて，原告団の結束や協調を乱すおそれがある（人間の平等に反するのではという問題もある），②算定に手間がかかるため裁判の長期化につながる，という問題が生じうる。

⑵　そこで，新潟水俣病事件の原告団は，財産的損害と精神的損害を一括しつつ，死者（1000万円）と症状等に応じた患者A～C（1000万円～500万円）のランク分けによる類型別**一律請求**をした。これに対し判決は，原告の請求を慰謝料のみの請求であると捉えつつ，慰謝料の算定要素の中で稼働可能年数・収入のような逸失利益に関わる事情をも考慮した上で，A～E（1000万円～100万円）のランク分けによる慰謝料を認めた。

⑶　その後の公害訴訟では，被害者やその家族に生じた社会的・経済的・精神的な損害を包括する「総体としての損害」を請求する**包括請求**の主張がなされるようになった。

西淀川大気汚染第1次訴訟（大阪地判平3・3・29）は，①精神的損害と財産的損害を含めたものを「包括慰謝料」として請求することは許される，②一律請求は違法ではないが，裁判所はこれに拘束されず個別事情を考慮して算定し得るとした（その後，川崎大気汚染第1次訴訟〔横浜地川崎支判平6・1・25〕，倉敷大気汚染訴訟〔岡山地判平6・3・23〕も①と②の前半について，同様の判示をした）。

これに対し，尼崎大気汚染訴訟（神戸地判平12・1・31）は，①包括請求が個別損害項目積上げ方式に比べて合理的であるか疑問だとしてこれを採用せず，②予備的に請求された慰謝料請求について，公害健康被害補償制度の認定等級と認定期間に応じて算定した。

(4) 尼崎大気汚染訴訟判決は包括請求を否定したが，純粋な慰謝料の形をとることによって，公害健康被害補償制度による補償給付のうち財産的損害に相当する部分について損益相殺による減額をしなかった点は重要である。これに対し，上記の3判決は，包括請求について財産的損害を含む包括慰謝料の請求と捉えた上で，いずれも，損益相殺による減額をしている。

**損害賠償額の減額**

上記の**損益相殺**は，被害者が不法行為によって損害を被るとともに，同一の原因によってその損害と同質性を有する利益を得た場合に，公平の見地から損害賠償額の減額をするものである。

一方，過失相殺（民722条2項）は，被害者（側）の落ち度も原因となった場合に減額をするものであるが，**過失相殺の類推適用**により被害者の**素因**（不法行為前から存在した心身の状態で不法行為による損害を発生拡大させる要因となったもの）を考慮して減額することができるかが問題とされてきた。学説では否定説が多いが，判例は，交通事故に関し，疾患については減額を認める（最判平4・6・25）一方，疾患に当たらない身体的特徴で個体差の範囲内のもの（首が長い）については減額を否定した（最判平8・10・29）。大気汚染公害に関しては，少なくとも重度の喫煙は減額対象となるが，加齢的要因については疾患に当たらない個体差の範囲内のものであれば減額対象とならないことになろう（同旨：大阪地判平7・7・5）。アレルギー（アトピー）素因については，それ自体としては疾患ではなく国民の相当な割合に存在するとして減額対象としなかった裁判例がある（東京地判平14・10・29。減額例：神戸地判平12・1・31）。

**共同不法行為**

(1) 公害が複数の汚染源によるもので，複数の加害者の責任を追及するときは，民法

719条の適用が問題となる。719条は，(a)数人が共同の不法行為で他人に損害を加えたとき（1項前段），(b)共同行為者の誰がその損害を加えたかが不明のとき（1項後段）について，いずれも各自が連帯して損害を賠償する責任を負う旨を規定する。

(2) 伝統的通説や判例（最判昭43・4・23）は，この場合は，1項前段の規定の問題であり，①各加害者に共謀のような主観的な関係は必要ない（**客観的共同**で足りる）が，②各自について因果関係を含む民法709条の要件を充たす必要がある，という立場であった。しかし，被害者が各加害者による汚染と損害との間の個別的な因果関係の立証をすることは困難である。

(3) そこで四日市コンビナートを構成する6社からの大気汚染による損害賠償責任が争われた四日市公害事件（津地四日市支判昭47・7・24）では，以下の判断が示された。

(ア) **弱い関連共同性**（結果発生に対して社会通念上全体として一個の行為と認められる程度の一体性）が認められる場合には，加害者の共同行為と損害との因果関係が立証されれば，各加害者について個別的な因果関係の存在が**推定**され，加害者によって個別的な因果関係がないことが立証されない限り，損害全体について連帯して賠償責任を負う。

(イ) **強い関連共同性**が認められる場合（機能的・技術的・経済的に緊密な一体性が認められる場合）には，加害者の共同行為と損害との因果関係が立証されれば，各加害者について個別的な因果関係の存在が**擬制**（ぎせい）され（因果関係があるとみなされ），損害全体について連帯して賠償責任を負う（加害者による個別的な因果関係の不存在の立証による免責や責任の分割は認められない）。

本件の場合は，被告6社のうち，資本等の関係が深い三菱系3社については(イ)の関係が認められ，排出量が少ない2社についても損害全体に対する連帯責任が認められた。残り3社については，立地が近いだけで(ア)の関係とされたが，個別的な因果関係の不存在の立証に成功しなかったことから，この3社を含めた6社すべてについて損害全体に対する連帯責任が認められた。

(4) この判決の考え方は高く評価されたが，前記(a)の規定（民719条1項前段）の中に二つの類型を設けた点や，その結果として「弱い関連共同性」の類型について免責のみを認め，減責の可能性を認めなかった点が批判された。

そこで，「弱い関連共同性」の類型について，本来は択一的競合（3人の投げた石のどれが被害者に当たったか分からない場合）を念頭においた前記(b)の規定（民719条1項後段）を《誰がどの割合で損害を与えたか不明の場合》を含むものと解釈してこれを（類推）適用し，個別的な因果関係の不存在（ないし寄与度）を加害者が立証することによる**減免責**の可能性を認める，という立場が主張された。

近時の都市型複合汚染の大気汚染訴訟では，上記の立場をとる判決が多くみられる。代表例として，西淀川大気汚染第1次訴訟（大阪地判平3・3・29）のほか，川崎大気汚染第1次訴訟（横浜地川崎支判平6・1・25），倉敷大気汚染訴訟（岡山地判平6・3・23），川崎大気汚染第2次～第4次訴訟（横浜地川崎支判平10・8・5），尼崎大気汚染訴訟（神戸地判平12・1・31）も同様の立場をとる。

上記の裁判例では被告以外からも多くの汚染物質が排出されていたため，被告全体の寄与度の割合の範囲で，①減免責の余地を認める「弱い関連共同性」の類型の責任と，②減免責の余地を認めない「強い関連共同性」の類型の責任を問題とする形がとられている。

なお，*Column*㊾（⇒235頁）で述べた建設現場の作業員の石綿健康被害についても，どの石綿製材メーカーがどの割合で損害を与えたかが不明である点で類似する面がある。しかし，メーカーが数十あることや，被害者ごとに作業の種類や時期が異なることから，被告とされたメーカー全体の寄与度の割合の立証が難しいなど，原告側のハードルは高い。

**期間制限**　不法行為による損害賠償請求権は，①「損害及び加害者を知った時から3年」（民724条1号）と，②「不法行為の時から20年」（同条2号）の期間制限にかかるのを原則とする（①②とも消滅時効。債権法改正前は②は判例で除斥期間と解されていた）。

「人の生命又は身体を害する不法行為」については，①の「3年」を「5年」とする例外が債権法改正で定められた（民724条の2）。

②については，加害行為の時から長期間（極端な場合は20年以上）経って損害が顕在化・発生することもありうる。そこで判例は（除斥期間と解していたときの判断であるが），基準が明確な加害行為の時を起算点とすることを原則としつつ，「損害の性質上，加害行為が終了してから相当の期間が経過した後に損害が発生する場合」には，「損害の全部又は一部が発生した時」を起算点としている（最判平16・10・15〔水俣病関西訴訟〕）。

### 3　差止訴訟

(1)　公害による健康被害や環境汚染については，金銭賠償のような事後的な救済では必ずしも十分ではなく，加害行為を事前に差し止めることが求められる。

差止訴訟を提起する場合，差止請求権を明文で根拠づける民法の規定がないため，どのような法律構成によるかが問題となる。かつては，所有権などの侵害に基づく**物権的請求権**による構成も主張されたが，近時は，**人格権**（物権と同じく絶対権としての性質を有すると考えられる）に対する侵害として構成する学説や裁判例が多い。しかし，人格権侵害の主張をするだけで直ちに差止めが認められるわけではない。加害者側と被害者側の諸事情の比較衡量による違法性判断として，加害行為が受忍限度を超えることが必要だと解されている。さらに，差止めについては，加害者の事業活動のみならずその社会的有用性（ないし公共性）に対する影響も生じるため，金銭賠償の場合よりも高度な違法性が要件となると解されることが多い（**違法性段階説**）。

国道43号線事件（最判平７・７・７）は，差止めと損害賠償とで違法性判断において考慮すべき要素は「ほぼ共通する」が，「各要素の重要性をどの程度のものとして考慮するかにはおのずから相違があ」り，「違法性の有無の判断に差異が生じることがあっても不合理とはいえない」として，違法性段階説をとったとみられている。

CASE 5 **国道43号線事件**

最高裁は，損害賠償に関する判断においては，本件道路の地域間交通や産業経済活動の面での「公共性」を認めつつも，周辺住民が本件道路の存在によって受ける利益とこれによって被った被害との間に「**彼此相補**（ひしそうほ）**の関係**」が認められないことなどを理由に，住民の受けた被害は道路の「公共性」ゆえに受忍限度内ということはできない，とした。これに対し，差止めに関する判断においては，上記の点は考慮しておらず，本件道路の地域間交通や産業経済活動の面での「公共性」を高く評価するなど，「公共性」の要素をより重く考慮することで，受忍限度内であるとの判断を導いている。したがって，二つの判断の間には「公共性」の考慮の仕方に差異があり，単純に違法性段階説をとったものと言い切ることはできない。

**CASE 6　諫早湾干拓訴訟**

諫早湾干拓訴訟（福岡高判平 22・12・6）は，干拓のための潮受堤防について，国道 43 号線事件に依拠した，被侵害利益（漁業行使権）の重要性と公共性（潮受堤防の防災機能等）の比較衡量による違法性判断により，防災上やむを得ない場合を除き，常時開放することを命じた。しかし，国が最高裁に上告しなかったこともあって，他の裁判では開門を争う営農者側の主張を認めるなど相矛盾する下級審の判断が出されていた。最判令元・9・13 は，前記福岡高裁判決等に基づく開門の強制執行を否定した原審判断を破棄し差し戻したが，裁判長の補足意見では開門を否定する方向が示唆されている。

いずれにせよ，道路公害のような公共性が関わる事件については，金銭賠償が認められても差止めは否定される傾向にあった。しかし，尼崎大気汚染訴訟（神戸地判平 12・1・31）と名古屋南部大気汚染訴訟（名古屋地判平 12・11・27）では，道路管理者に対し，沿道から一定範囲に居住する気管支ぜん息患者の原告（前者では 24 名，後者では 1 名）に関して，浮遊粒子状物質が一定基準を超えないことを内容とする差止請求を認める判決が出され，注目を浴びた。

上記のような**抽象的差止請求**については，差止めの方法が多様であって強制執行の方法が特定されないという理由で否定された時期もあった。しかし，間接強制（履行をしなければ 1 日いくら払えという形で心理的に強制する方法）が可能であることや，差止めのための具体的な方法は，科学的知識の点で，原告に特定させるよりも被告の選択に任せる方が合理的であることから，裁判例で認められるようになった。

(2)　差止訴訟を提起しても判決の確定までには長い時間がかかることになる。そこで，被保全権利の存在と保全の必要性を疎明（そめい）（一応確からしいと裁判官に思わせること）した場合については，判決の確定や強制執行までの暫定的な措置として**仮処分命令**（民保23条2項）による差止めが認められる。日照権を保全するための建築禁止の仮処分や，人格権を保全するためのごみ焼却場の建築操業禁止の仮処分などがその例である。

## 4 環境民事訴訟の具体例

**日照妨害**

日照妨害は，隣人等の土地利用の結果として日光が遮（さえぎ）られるという**消極的生活妨害**であって，伝統的に不法行為が認められてきたばい煙・騒音などの**積極的生活妨害**とは異なる。

しかし，最判昭47・6・27は，①「居宅の日照，通風は，快適で健康な生活に必要な生活利益であり，それが他人の土地の上方空間を横切ってもたらされるものであっても，法的な保護の対象とならないものではな」い，②「土地利用権の行使が隣人に生活妨害を与えるという点においては，騒音の放散等と大差がなく，被害者の保護に差異を認める理由はない」として，日照妨害が消極的生活妨害であっても不法行為法上の保護を受けることを最高裁として初めて明らかにした。

本判決は，2 損害賠償訴訟「権利の侵害と違法性」（⇒239頁）で述べた，①受忍限度を超える → ②権利行使が権利濫用となる → ③違法な行為として不法行為となる，という構成をとっているが，その後の裁判例は，① → ③の構成をとるのが一般的である。

受忍限度に関する判断要素は，①被害の程度，②地域性，③被害と加害の回避可能性，④被害建物と加害建物の配置・用途，⑤先住後住関係，⑥公法的規制違反の程度，⑦交渉過程などである。

### 眺望侵害

眺望侵害も日照妨害と同じ消極的侵害である。しかし，眺望侵害については，旅館のような営業上の利益が関係する場合は別として（差止めの仮処分が認められた事例として，東京高判昭 38・9・11〔猿が京温泉の旅館〕，京都地決昭 48・9・19〔京都の料理旅館〕，仙台地決昭 59・5・29〔松島の飲食店〕），住宅や別荘の場合にはなかなか保護が与えられてこなかった。その後，損害賠償が認められた事例がみられるようになり（①横浜地横須賀支判昭 54・2・26，②大阪地判平 4・12・21，③大阪地判平 10・4・16），近時は，差止めの仮処分が認められた事例も出ている（④横浜地小田原支決平 21・4・6）。

①②③④は，いずれも，(a)当該眺望が法的保護に値するとした上で，(b)被害の程度と加害行為の態様などを比較衡量して，受忍限度を超える違法な侵害があった，としている。

眺望が《法的保護に値するか》否かの判断枠組みについて，②③は，(a)その場所が眺望の点で格別な価値を持ち，(b)眺望の利益の享受を重要な目的としてその場所に建物が建てられた場合のように，眺望利益の享受が社会観念上からも独自の利益として承認されるべき重要性を有すると認められるとき，という要件を挙げている（④も，主観的な感情を超えて文化的・社会的にみて客観的な価値を有し，享受する者の生活に重要な価値を有することを要件とする点で類似するが，①の要件はこれよりもやや制限的である）。

②④は別荘地の眺望の事例（②は木曽駒高原からの山並みの眺望，④は真鶴の港と海を見渡す眺望）であり，①は別荘地ではない（横須賀野比（のび）海岸の丘陵地）が，海や丘陵等を見渡す眺望の事例である。これに対し，③は山や海の眺望ではなく，近郊未開発地の住宅地から農地・雑木林・市街地を広く見渡す眺望の事例である点で特徴的

である（原告が不動産業者から見晴らしのよい土地として本件敷地を紹介されたことや，眺望を侵害したマンション自体が眺望を売り物にしていたという事情がある)。

一方，受忍限度の判断の中の《加害行為の態様》については，特に，原告の眺望に対する侵害を軽減する配慮をしなかった点（①②③④）や，侵害建物の高さが周囲の環境と調和しない点（②③）が考慮されているほか，事前の説明がなかった点（②④）や，申入れを全く無視した点（①④）なども考慮されている。

特に④は，眺望への配慮がある程度可能であるにもかかわらず，説明や交渉を一切回避し，眺望に全く配慮することなく，原告が35年以上度々訪問して愛着してきた眺望をほぼ完全に遮断している事情などから，工事続行禁止の仮処分を認めたものである。建築禁止までを認めたものではないのは，当事者の協議を促進させる意図に出たものである（差止めによるフォーラムセッティングを意図した事例として，住宅地のゴミ集積場の輪番制反対者に対しこのまま6か月経過した後もゴミを排出した場合の差止めを認めた東京高判平8・2・28参照)。

**景観侵害**

眺望侵害はある特定の個人が享受していた眺望が遮られることによって生ずる個人的利益の侵害の問題である。これに対し，景観侵害はその地域で形成されてきた自然的・文化的環境と調和しない形で土地利用がなされることによって生ずる地域的な問題であり，個人的利益の侵害の問題ではない，とも考えられる。そのため，景観侵害の救済が否定されることが多かった。

その代表例が，京都仏教会事件（京都地決平4・8・6）である。①景観権は，法的根拠・内容・要件が不明確であって，私法上の権利として認めることはできない，②景観を含めた歴史的風土の保全と社会的経済的自由との調整は，最終的には民主的手続にしたがって制定された法律によるべき問題である，などとして，京都仏教会が申請した京都ホテルに対する建築差止めの仮処分を否定した。

これに対し，景観侵害の差止請求を初めて認めたのが，国立マンション訴訟第1審判決（東京地判平14・12・18）である。本判決は，①特定の地域内において地権者らによる土地利用の自己規制の継続により，相当の期間，ある特定の人工的な景観が保持され，②社会通念上もその景観が良好なものと認められ，③地権者らの所有する土地に付加価値を生み出した場合，という3要件を満たす場合には，「土地所有権から派生するものとして，形成された良好な景観を自ら維持する義務を負うとともにその維持を相互に求める利益」を有するとし，この「景観利益」は，法的保護に値するものとして，その侵害は一定の場合に不法行為を構成する，とした。その上で，判決は，被害の内容と程度，地域性，事業者の対応と被害の回避可能性などから，受忍限度を超えるものとして差止め（建物の20 mを超える部分の撤去）を認めた。

通常は受忍限度の判断において加害者側の撤去費用が考慮されるが，本件では景観を侵害することを十分認識しながら建築を強行したことから撤去費用（約53億円）は考慮されていない。

ところが，控訴審判決（東京高判平16・10・27）は，「景観をどの程度価値あるものとして判断するかは，個々人の関心の程度や感性によって左右されるものであって，土地の所有権の有無やその属性とは本来的に関わりないことであり，これをその人個人についての固有の人格的利益として承認することもできない」などとして，差止めを否定し，上告審判決（最判平18・3・30）も結論を維持した。

ただし，上告審判決は，①良好な景観に近接する地域内に居住する者が有する景観利益は法律上保護に値する，②景観利益に対する侵害行為が刑罰法規や行政法規の規制に違反するものであったり，公序良俗違反や権利の濫用に該当するものであるなど，その態様や程度の面において社会的に容認された行為としての相当性を欠くときは違法な侵害となる（不法行為が成立する）旨の一般論を述べて，景観利益が（私法上の権利とはいえないものの）私法上保護される利益としてこれに対する侵害が損害賠償の対象となりうることを明らかにした点で重要な意義を有する（具体的な判断としては，本件景観は法律上保護に値するが，違法な侵害行為があったとはいえないとした）。

同判決は，景観に関する民事上の判断をしたものであるが，鞆（とも）の浦訴訟（広島地判平成 21・10・1）では，抗告訴訟に関し，同判決を引用して景観利益に基づく原告適格を認める判断がされている。

## 騒　音

騒音は積極的生活妨害であるが，公共施設からの騒音については，受忍限度の判断において**公共性**をどのように考慮すべきかが問題とされてきた。

空港の騒音被害の受忍限度に関して，大阪空港訴訟（最大判昭 56・12・16）は，「侵害行為の態様と侵害の程度，被侵害利益の性質と内容，侵害行為のもつ公共性ないし公益上の必要性の内容と程度」のほか，被害の防止措置の内容と効果などを総合的に考察して判断すべきである，としたが，「公共性」を判断する際に，①日常生活に不可欠な役務の提供のように絶対的な優先順位を主張し得るものとはいえず，②被害住民が多数にのぼり被害内容が広範・重大であって，③住民の受益と被害との間に「彼此相補の関係」が成立しないことを考慮している。特に③については，その後，空港や道路からの騒音被害の損害賠償が問題となった最高裁判決で，受忍限度の公共性の判断に対する一定の歯止めとなっている（厚木基地第1次訴訟〔最判平5・2・25〕，国道43号線事件〔最判平7・7・7〕）。学説では，損害賠償請求における受忍限度の判断で公共性を考慮することについて批判が強い。

### *Column*㊹ 危険への接近

危険なスポーツに自ら参加して負傷した場合，**危険への接近**の法理により，加害行為の違法性が阻却されて加害者が免責されたり，過失相殺の法理により賠償額が減額されることがある。しかし，公害企業の近くに越してくるなというのは不当であるので，公害問題についてはこの法理の適用を抑制すべきだとする学説が多い。

大阪空港訴訟では，高裁判決は，住民の側が特に公害問題を利用する意図がない限り，適用すべきでないとした。しかし，最高裁判決は，被害者が危険の存在を認識しながらあえてそれによる被害を容認していたようなとき（かつ，被害が生命・身体にかかわらず，原因行為に公共性が認められるとき）は，事情のいかんにより加害者の免責を認めるべき場合がないとはいえないとして，高裁判決を破棄した。ただし，団藤裁判官らの反対意見では，認識だけで免責されるのは，「地域性」とよばれる加害状況について一般的な社会的承認が存在している場合に限定されるべきであり，そのような状況にないときは，過失相殺による減額にとどめるべきだとされた。

その後の裁判例では，むしろこの反対意見に近い立場が支配的である。横田基地第1次・第2次訴訟（東京高判昭和62・7・15）は，地域性による免責と過失相殺による減額とを区別して，後者のみを適用し，上告審（最判平5・2・25）は，これをあっさり是認した。さらに，厚木基地第3次訴訟（横浜地判平14・10・16）は，被害者はいろいろな事情で転入してきたこと，違法な騒音状態が長年続いてきたことから，過失相殺による減額をすることも相当でないとした。

**大気汚染** 大気汚染については，第3章*1* ③の「工場公害と大気汚染公害訴訟」（⇒103頁），第3章*2* ②の「都市型大気汚染公害訴訟と排気ガス」（⇒106頁），および，本章*1* ②「損害賠償訴訟」の「因果関係」，「共同不法行為」（⇒240頁，245頁）を参照。

**水質汚濁** 水質汚濁については，本章*1* ②「損害賠償訴訟」の「因果関係」（⇒240頁）を参照。

**廃棄物処分場** 廃棄物の最終処分場の3類型の中で，安定型処分場は，廃プラスチック類，ゴムくず，金属くず，ガラス・陶器くずなど性状が安定した廃棄物しか受け入れないことになっている。しかし，①上記の廃棄物からもプラスチックの可塑材や重金属などの有害物質が漏出するおそれがあること，②上記以外の有害な物質を含んだ廃棄物が持ち込まれることが多いこと，③地下水の汚染を防ぐための遮水シートを用いたとしても破損して汚水が漏れる蓋然性があること，などから，各地で安定型処分場の設置・操業等の差止めを求める仮処分の申請が出されている。

近時の決定例では，地下水・湧水・沢水などが汚染される蓋然性があるとして，人格権の一種の平穏生活権の一環としての《一般通常人の感覚に照らして飲用・生活用に供するのを適当とする水を確保する権利》の侵害を理由に，差止めを認めるものが増えている（仙台地決平4・2・28，熊本地決平7・10・31，福岡地田川支決平10・3・26，水戸地決平11・3・15など。否定例として，前橋地決平13・10・23〔底面をベントナイトで固めたり，搬入される廃棄物の監視を受け入れたりしている事例〕も参照）。さらに，水道水源汚染に関して，平穏生活権の一環としての浄水享受権という新たな法益に基づく差止めを認めた判決もみられる（水戸地判平17・7・19，千葉地判平

19・1・31。後者のみ控訴審で取消し)。侵害される「権利」を操作することによって，身体・健康に対する具体的被害が発生する前の段階で差止めを認める点において，「環境権」論とやや共通する側面をみることができる。

なお，安定型処分場が住民との**公害防止協定**（⇒ 227 頁）に反して村道よりも高く廃棄物を積み上げたために住民が違反部分の撤去を請求した吉野産廃富士事件（奈良地五條支判平 10・10・20）では，協定中に明文はないが協定の効力に基づく撤去請求が認められた。

**原 子 力**

(1) 環境基本法は，放射性物質による大気・水質・土壌の汚染等の防止のための措置については，原子力基本法の下の問題と位置づけていた（環基旧13 条)。旧法においても，上記以外の環境に関わる問題については環境基本法が適用されるのはもちろんのこと，上記の問題についても広い意味では環境問題の一環ということができたが，2012 年改正で適用除外の規定が削除され，名実ともに環境問題に位置づけられた。

原子力発電所からの放射性物質による汚染など，**原子力損害**の賠償については，第 4 章 ***5***「原子力損害賠償の制度」(⇒ 136 頁）で述べることとして，ここでは差止めについて説明する。

(2) 人格権侵害を根拠に差止めを求める場合，継続中の騒音については，被告の行為によって侵害されるという因果関係の立証に困難はない。しかし，原子力発電所や前述した廃棄物処分場については，被告の行為によって高度の蓋然性をもって人格権が侵害されるという具体的危険性を立証することは原告側にとって容易ではない。

そこで，廃棄物処分場に関する裁判例では，①前述のように，「平穏生活権」の侵害という構成で人格権侵害の具体的危険性について原告側が一応の立証をした場合は，被告側が具体的危険性のないことを立証しなければならないとしたり（仙台地決平4・2・28），②有害物質の処分場への搬入，有害物質の原告への到達，原告の利益の侵害を原告側が立証すれば，有害物質の処分場外への流出のないことを被告側が立証しなければならないとして（千葉地判平19・1・31），原告側の立証負担を緩和する工夫をしてきた。

原子力発電所に関する裁判例も様々な工夫をしており，③原告側で侵害の具体的可能性について「相当程度の立証」をした場合には，被告側が具体的危険がないことについて「反証」をしなければならないとするもの（志賀原発訴訟第1審・金沢地判平18・3・24〔差止肯定〕），④安全性に欠けないこと（ないし構造基準や維持管理基準を満たしていること）について被告側が相当な資料・根拠に基づいて立証しなければ，侵害の具体的危険が推認されるが，被告側が上記立証に成功した場合には，原告側で侵害の具体的危険があることを立証しなければならないとするもの（同控訴審・名古屋高金沢支判平21・3・18〔否定〕），⑤「生命を守り生活を維持する」という「人格権の中でも根幹部分をなす根源的な権利」に対する「具体的危険性が万が一でもあれば」，差止めが認められるとするもの（大飯原発訴訟・福井地判平26・5・21〔肯定〕）がみられる。近時は，上記④の判断枠組みの下，原発の新規制基準の合理性などから差止めを否定する高裁判決が続いている（福岡高宮崎支決平28・4・6，名古屋高金沢支判平30・7・4など。なお，直近の肯定例として，広島高決令2・1・17）。

# 2 環境行政訴訟

## ① 環境行政訴訟の役割と類型

《環境行政は，環境に負荷を与える活動を規制して，良好な環境を実現することを主要な役割とする》。例えば，工場を規制して地域の大気や水域の環境を保全したり，開発行為を規制して自然環境を守ったりする。しかし，これは，事業活動の制限につながるので，規制対象となった事業者によって争われることがある。すなわち，事業者は，行政による改善命令や措置命令に対して，あるいは事業活動の許認可の拒否に対して，その取消し等を求めて訴訟を提起することがある。また反対に，規制のおかげで良好な環境を享受できることになる周辺住民等が，規制が不十分なために環境が損なわれることを防止するために，行政の権限行使を促す目的で訴訟を提起することもある。

**CASE 7　宝塚パチンコ事件（行政が原告となる訴訟）**

地方自治体が地域の環境を保全するために条例を制定して規制することも多いが，その実効性を確保するために，訴訟を利用することもある。しかし，最高裁は，行政上の義務履行を裁判手続によって実現させることに対して，冷淡である。宝塚パチンコ事件（最判平14・7・9）は，宝塚市パチンコ店等建築等規制条例に基づいて，市長がパチンコ店の建築工事の中止を命じ，この命令に従わない業者に対して工事続行差止訴訟を提起した事件である。最高裁は，「国又は地方公共団体が専ら行政権の主体として国民に対して行政上の義務の履行を求める訴訟は，裁判所法3条1項にいう法律上の争訟に当たらず，これを認める特別の規定もないから，不適法というべきである」として訴えを却下した。

行政は，事業活動の主体となることもある。例えば，道路の設置や管理，あるいは干拓や埋立てを自らの事業として行うことがある。これらの事業が環境汚染や自然破壊を引き起こす場合に，事業の差止めを求める民事訴訟（または公法上の当事者訴訟）や被害の損害賠償を求める国家賠償訴訟が提起されることがある。道路公害訴訟も，国家賠償訴訟として行われる。また，行政活動には財政的な支出を伴うので，その点をとらえて，事業にかかわる公金支出などの財務会計行為を住民訴訟で争うことを通じて，事業そのものの適法性が実質的に争われることもある。

今日では，環境にかかわる行政保有情報の開示も要請されるところであるが，情報公開制度に基づく開示請求に対して不開示の決定がなされた場合には，この決定の取消訴訟が提起されることもある。

## 2 行政事件訴訟法に基づく訴訟

**事業者が行政処分を争う訴訟**

環境汚染を引き起こした事業者に対しては，原状回復命令，改善命令，あるいは許可の取消し等の行政処分によって，行政介入がなされる。このような不利益処分を受けた事業者には，その取消しを求めて訴訟を提起することが認められている（行訴3条2項）。例えば，産業廃棄物処理業者が，許可条件を遵守しなかったために，産業廃棄物処理業の許可取消しの行政処分を受けた場合に，この行政処分の**取消訴訟**を提起するのがその例である。

また，産業廃棄物処理施設の設置や原子炉の設置などには，行政の許可を受けることが必要であるが，不許可処分がなされたときにも，不許可処分の取消訴訟の提起が可能である。不許可処分が取り消された例として，釧路産廃処理場不許可事件（札幌高判平 9・10・7）を挙げることができる。本件は，産業廃棄物最終処分場の設置許可申請が，近隣住民の反対や行政指導への不服従を理由として不許可にされた事案で，裁判所はこの不許可処分を違法なものとして取り消した。

CASE 8 **環境行政訴訟の審理方法——日光太郎杉事件** 

環境にかかわる利益は，経済的利益等の諸々の利益とのバランスの中で，その保全が図られていくものであるが，どのようにバランスをとるかは難しい課題である。これに関して，日光東照宮境内の巨杉伐採を伴う国道拡幅の事業認定の適法性が争われた日光太郎杉事件（東京高判昭 48・7・13）が参考になる。この判決は，土地収用法 20 条 3 号の「土地の適正且つ合理的な利用に寄与するもの」という規定を足がかりとして，「建設大臣の判断は，この判断にあたって，本件土地付近のもつかけがいのない文化的諸価値ないしは環境の保全という本来最も重視すべきことがらを不当，安易に軽視し，その結果右保全の要請と自動車道路の整備拡充の必要性とをいかにして調和させるべきかの手段，方法の探究において，当然尽すべき考慮を尽さず，また，この点の判断につき，オリンピックの開催に伴なう自動車交通量増加の予想という，本来考慮に容れるべきでない事項を考慮に容れ，かつ，暴風による倒木（これによる交通障害）の可能性および樹勢の衰えの可能性という，本来過大に評価すべきでないことがらを過重に評価した点で，その裁量判断の方法ないし過程に過誤があり，……違法なものと認めざるをえない」とした。

**周辺住民が許可等を争う訴訟**

環境リスクのある行為の許可制度等を通じて地域環境を管理する仕組みがとられているので，規制が適正になされないときには，環境汚染が発生したり，自然破壊が引き起こされたりする。例えば，環境汚染リスクの高い廃棄物処理施設の設置を許可したり，環境に大きなダメージを与える公有水面埋立てに免許を与えたりする場合が，これに当たる。このとき，周辺住民がこれらの許可や免許の取消しを求めて訴訟を提起することがある。廃棄物処分場設置許可の取消請求を認容した判決として，千葉地判平 19・8・21 もある。しかし，このようなタイプの周辺住民の訴えは，**原告適格**を欠いて不適法であるとして却下されるのがほとんどであった。というのも，行政事件訴訟法旧 9 条（現 9 条 1 項）は原告適格について，処分の取消訴訟は処分の取消しを求めるにつき「**法律上の利益**を有する者……に限り，提起することができる」と定めており，周辺住民が法律上の利益を有するか否かが厳格に審査されていたためである。周辺住民が「法律上の利益」を有すると認定されるには，その利益が処分の根拠法律によって保護された利益であり，かつ，その利益が公益の中に吸収解消されずに個々人の個別的利益としても保護されたものであることが必要とされていた。

ただし，近時の最高裁は，原告適格拡大のために努力してきた。新潟空港航空運送事業免許取消請求事件（最判平元・2・17）は，「法律上の利益」にいう法律について，処分の根拠法律に限定せず，「当該行政法規及びそれと目的を共通する関連法規の関係規定によって形成される法体系」にまで拡大した。また，もんじゅ訴訟上告審判決（最判平 4・9・22）以降の裁判所の解釈的な努力により，住民の生命や身体の安全については，原告適格を基礎づけるものと認められるようになってきた。もんじゅ判決は，原子炉等規制法は「単に公衆の生命，身体の安全，環境上の利益を一般的公益として保護しようとするにとどまらず，原子炉施設周辺に居住し，右事故等がもたらす災害により直接的かつ重大な被害を受けることが想定される範囲の住民の生命，身体の安全等を個々人の個別的利益としても保護すべきものとする趣旨」であるとした。

2004 年の**行政事件訴訟法の改正**によって 9 条に第 2 項が加えられ，法規の柔軟な解釈を通じた原告適格拡大の流れが，法律として定着させられた。この改正を反映して，小田急訴訟上告審判決（最大判平 17・12・7）は，鉄道の高架化を内容とする都市計画事業認可の取消しを求める訴えにつき，土地の権原はもたないが騒音振動等により健康または生活環境に著しい被害を直接受けるおそれのある周辺住民に原告適格を認めた。鞆の浦訴訟（広島地判平 21・10・1）では，法的保護に値する景観利益を有する者に，埋立免許の差止めを求める法律上の利益（行訴 37 条の 4 第 3 項）を認めた。ただし，サテライト大阪事件判決（最判平 21・10・15）にも現れているように，生活環境利益に原告適格を認めるかは，具体的な事案に即した判断が行われるので，認められないこともある。なお，東京地判平 23・6・9 は，「陸海一体となった白保サンゴ礁生態系に愛着を持ちこれを次世代に残したいと願っている者」について，新石垣空港設置許可処分の取消訴訟の原告適格を否定している。

### *Column*55　行政事件訴訟法の改正

2004 年 6 月に行政事件訴訟法が改正された。これは，1962 年の同法制定以来の初めての本格的な改正である。環境訴訟に関係の深い改正点として，取消訴訟の原告適格に関する解釈指針が示されたこと，**義務付けの訴え**と**差止めの訴え**が法定されたこと，公法上の当事者訴訟として**確認の訴え**が明示されたことが挙げられる。取消訴訟の原告適格の拡張の面では，もんじゅ事件上告審判決などの到達点を踏まえて，関係法令の趣旨目的，行政処分における考慮事項，そして，侵害される利益の内容・性質と侵害の態様・程度を考慮すべきとの規定が置かれた（行訴9条2項)。しかし，環境保護団体に原告適格を認める団体訴訟や，すべての人に原告適格を認める市民訴訟は導入されなかった。義務付け訴訟が法定されたことによって，重大な損害を受ける周辺住民が行政に対して，事業者の汚染行為や環境破壊行為を規制するように訴訟を通じて求める道が広がった（行訴3条6項・37条の2)。差止訴訟の法定により，行政処分に起因する環境破壊等によって重大な損害が発生するおそれがある場合には，予防的に処分の差止めを求める道も開かれた（行訴3条7項・37条の4)。処分性の拡大は今次の改正ではなされなかったが，公法上の当事者訴訟としての確認の訴えが明示されたことにより，確認の利益があれば，行政立法や行政計画を争うことも可能となった。

#### 環境基準や行政計画を争う訴訟

環境基準は環境行政の目標を設定するものであるから，もし，違法な環境基準が設定されたならば，これを裁判で争って適切な基準の定立に向かわせることが，環境の保全にとって必要である。しかし，二酸化窒素環境基準告示取消請求事件（東京高判昭62・12・24）では，環境基準は政策上の達成目標ないし指針であり法的効果を有するものではないので，環境基準の定立を行政処分として取消訴訟で争うことは不適法とされた。

取消訴訟で行政の行為を争うには，その行政の行為が「処分その他公権力の行使に当たる行為」（行訴3条2項）でなければならない。いわゆる**処分性**が要求されるわけであるが，行政処分以外の行政の行為に処分性が認められることは稀である。都市環境の保全と形成には，緑の基本計画やそれに基づく特別緑地保全地区をはじめとする地域地区指定などの都市計画手法が多用されている。この点で，計画に処分性が認められず裁判で直接争うことができないことは救済の観点から問題である。かつて**青写真判決**（最大判昭 41・2・23）は，土地区画整理事業計画について，事業の青写真であり**争訟の成熟性**を欠くものとして処分性を否定したが，最大判平 20・9・10 は，土地区画整理事業の「施行地区内の宅地所有者等は，事業計画の決定がされることによって，……規制を伴う土地区画整理事業の手続に従って換地処分を受けるべき地位に立たされるものということができ，その意味で，その法的地位に直接的な影響が生ずるもの」として土地区画整理事業計画に処分性を認めている。ただし，この判決が，盛岡用途地域指定事件（最判昭 57・4・22）などの用途地域指定は一般的抽象的な制約に過ぎないとして処分性を否定する先例に及ぼす影響は，明らかではない。

2004 年に改正された行政事件訴訟法 4 条は，**公法上の当事者訴訟**の一類型として「確認の訴え」を明示し，行政立法や行政計画などで処分性が認められないために取消訴訟の対象とならない行政の行為であっても，その行為の違法性の確認やその行為に起因する権利義務の存否の確認を求める訴訟を提起することの可能性を示した。これによって，環境基準や都市計画も，取消訴訟ではなく公法上の当事者訴訟で争う道が開かれた。

**差止め訴訟と義務付け訴訟**

行訴法 3 条 7 項の差止め訴訟として，鞆（とも）の浦の公有水面埋立免許の差止めが認められた広島地判平 21・10・1 が有名である。行訴法 4 条の公法上の当事者訴訟として，国営諫早湾干拓事業において設置された干拓地潮受堤防の排水門の 5 年間の開放を命じた福岡高判平 22・12・6 がある。厚木基地訴訟判決（東京高判平 27・7・30）は，自衛隊機の運航の差止めの訴えを処分差止めの訴えとして審理して請求を一部認容している。

地方自治体がゴミ焼却施設を設置する行為は，それ自体は行政処分でないので，取消訴訟等の抗告訴訟で争うのではなく，民事の差止訴訟で争うべきとされている。例えば，大田区ごみ焼却場設置事件（最判昭39・10・29）は，「本件ごみ焼却場は，被上告人都がさきに私人から買収した都所有の土地の上に，私人との間に対等の立場に立って締結した私法上の契約により設置されたものである」として民事訴訟で争うべきとした。

義務付け訴訟についても，請求認容の判決が現れている。たとえば，福岡高判平23・2・7は，廃棄物処分場への措置命令を知事に義務付けた。また，福島地判平24・4・24は，廃棄物処分場の設置許可を取り消すよう知事に義務付けた。また，申請型の義務付け訴訟として，水俣病認定の義務付け請求を認容した福岡高判平24・2・27およびその上告審・最判平25・4・16がある。

なお，2014年に行政手続法が改正されて，必要な規制がなされていないときに，行政処分あるいは行政指導をするよう行政機関に申し出るための手続が規定された（行手36条の3）。

**行政裁量と原発訴訟**

原子力発電所の周辺住民は，原発の安全性に不安を抱き，その差止めを求めて，あるいは原子炉設置許可の取消し・無効確認を求めて多数の訴訟を提起してきた。しかし，福島第一原発事故以前ではもんじゅ訴訟差戻後控訴審（名古屋高金沢支判平15・1・27）が行政庁の安全審査に瑕疵があるとして原子炉設置許可を無効とし，民事訴訟ではあるが志賀原発2号機訴訟（金沢地判平18・3・24）が差止めを認容したのみである。伊方原発訴訟（最判平4・10・29）に従って，原発の安全性に関する判断は行政の専門性に基づく裁量判断に委ねられているとして，裁判所は踏み込んだ判断をしないことが原因となっている。もんじゅ訴訟差戻後上告審（最判平17・5・30）も，設置許可の安全審査の対象となる基本設計の範囲の判断は行政の裁量に委ねられることを理由に原審の無効確認判決を取り消した。ただし，上記伊方原発訴訟最判は，「被告行政庁がした右判断に不合理な点があることの主張，立証責任は，本来，原告が負うべきものと解されるが，当該原子炉施設の安全審査に関する資料をすべて被告行政庁の側が保持していることなどの点を考慮すると，被告行政庁の側において，まず，その依拠した前記の具体的審査基準並びに調査審議及び判断の過程等，被告行政庁の判断に不合理な点のないことを相当の根拠，資料に基づき主張，立証する必要があり，被告行政庁が右主張，立証を尽くさない場合には，被告行政庁がした右判断に不合理な点があることが事実上推認されるものというべきである」として，行政側にも証明の責任を負わせている点は注目される。

### *Column*㊻　公権力の行使と国家賠償法

**国家賠償法**1条は，「国又は公共団体の公権力の行使に当る公務員が，その職務を行うについて，故意又は過失によつて違法に他人に損害を加えたときは，国又は公共団体が，これを賠償する責に任ずる」と規定する。行政が違法に公権力を行使した場合のみならず，人の健康や財産への危険を防止しなかったために損害が発生したときも，その不作為が違法であれば，国家賠償責任が問われることになる。行政が規制権限を行使するかしないかは，通常，行政の裁量に委ねられているが，状況により作為義務が生じることもあり，不作為が違法となることがある。

### 3 国家賠償法に基づく訴訟

不十分な規制に対する国賠訴訟

公害事件では，加害者である排出事業者に対する損害賠償請求訴訟が提起されるにとどまらず，行政に対する国家賠償請求訴訟が提起されることがある。行政が適切に規制権限を行使していれば公害被害の発生や拡大を防げたのに，行政の怠慢のために被害が発生したとして訴えられる。このタイプの事件の代表的なものは，水俣病にかかわる事件である。

**Column57 水 俣 病**

水俣病は，チッソ水俣工場のアセトアルデヒド製造工程からメチル水銀化合物を含む工場廃水が，長期かつ大量に不知火海（しらぬいかい）に排出されたことにより，水俣湾およびその周辺海域の魚介類にメチル水銀化合物が蓄積され，これを地域住民が多量に摂食したことによって発症した中枢神経疾患である。原因物質が突き止められたのは1959（昭和34）年であったが，水質保全法によって水俣湾が指定水域として規制されたのは1969（昭和44）年であった。公害健康被害補償法に基づく水俣病患者であることの認定および認定基準をめぐる争いも絡まって，多数の国家賠償訴訟も提起され，長年にわたり争われてきた。1995年の村山内閣時に政治的に解決が図られ，未認定患者に一時金を支給する一方で，ほとんどの未認定患者は和解に応じて提訴と認定申請を取り下げた。水俣病関西訴訟の原告らは和解に応じなかったが，その上告審で，最高裁が国の責任を認めた。

**水俣病関西訴訟上告審判決**（最判平16・10・15）は，「通商産業大臣において，上記規制権限を行使して，チッソに対し水俣工場のアセトアルデヒド製造施設からの工場排水についての処理方法の改善，当該施設の使用の一時停止その他必要な措置を執ることを命ずることが可能であり，しかも，水俣病による健康被害の深刻さにかんがみると，直ちにこの権限を行使すべき状況にあったと認めるのが相当である」として，「昭和35年1月以降，水質二法に基づく上記規制権限を行使しなかったことは，上記規制権限を定めた水質二法の趣旨，目的や，その権限の性質等に照らし，著しく合理性を欠くものであって，国家賠償法1条1項の適用上違法というべきである」とした。

**道路・空港公害と国賠法2条**

国家賠償法2条は，「道路，河川その他の**公の営造物の設置又は管理に瑕疵**があつたために他人に損害を生じたときは，国又は公共団体は，これを賠償する責に任ずる」と規定している。そして，この規定は，道路や空港などの広く公の目的に供せられる物的な施設が，騒音，振動あるいは大気汚染などの公害を引き起こして，周辺住民に損害を発生させる場合にも適用される。例えば「国家賠償法2条1項にいう営造物の設置又は管理の瑕疵とは，営造物が**通常有すべき安全性を欠いている状態**，すなわち他人に危害を及ぼす危険性のある状態をいうのであるが，これには営造物が供用目的に沿って利用されることとの関連においてその利用者以外の第三者に対して危害を生ぜしめる危険性がある場合をも含むもので……周辺住民に社会生活上受忍すべき限度を超える被害が生じた場合には」国家賠償責任が生じるとされている（国道43号線事件上告審判決〔最判平7・7・7〕）。**大阪空港訴訟**や**東京大気汚染訴訟**（東京地判平14・10・29）などでも，国家賠償法2条による賠償責任が認められた。

**CASE 9　大阪空港訴訟上告審判決**（最大判昭 56・12・16）

本判決は，国家賠償法 2 条に基づいて既発生分の損害賠償を認容し，将来分の損害賠償を否定した。しかし，本判決の中心的な論点は，大阪空港周辺の住民が，航空機の離着陸に伴う騒音・振動や排気ガスなどの被害を理由として，空港管理者である国に対して，夜 9 時から朝 7 時までの間の航空機の発着の差止めを求める民事訴訟が許されるか否かであった。最高裁は，「本件空港の離着陸のためにする供用は運輸大臣の有する空港管理権と航空行政権という二種の権限の，総合的判断に基づいた不可分一体的な行使の結果であるとみるべきであるから，右被上告人らの前記のような請求は，事理の当然として，不可避的に航空行政権の行使の取消変更ないしその発動を求める請求を包含することとなるものといわなければならない。したがって，右被上告人らが行政訴訟の方法により何らかの請求をすることができるかどうかはともかくとして，上告人に対し，いわゆる通常の民事上の請求として前記のような私法上の給付請求権を有するとの主張の成立すべきいわれはないというほかはない」として，民事差止請求を不適法とした。ただし，2004 年の行政事件訴訟法の改正で公法上の当事者訴訟に新たな命が吹き込まれ，本件のような差止請求に門戸が開かれたものと期待される。

## 4　地方自治法に基づく訴訟

**住民訴訟**

地方自治体の行う環境に影響を与える公共事業には，公金の支出を伴うのが通例である。そこで，地方自治法 242 条の 2 に規定される**住民訴訟**を利用して，違法な**財務会計上の行為**の差止めに絡めて，公共工事など公金支出の原因となる行為そのものの差止めが求められることがある。住民訴訟は，その提起に先立って住民監査請求を経なければならないという制約はあるものの，取消訴訟のように法律上の利益の有無が厳しく吟味されて原告適格が否定されることなく，地方自治体の住民であれば誰でも具体的な利益の有無にかかわりなく訴訟を提起できるところに利点がある。

海水浴場に漁港を建設することの差止めを求めた長浜町入浜権訴訟（松山地判昭 53・5・29），自然海浜の埋立ての差止めを求めた織田が浜訴訟（最判平 5・9・7），ヘドロ堆積除去費用の原因者負担を求めた田子の浦ヘドロ訴訟（最判昭 57・7・13 ⇒ 166 頁 CASE 3），干潟埋立てにかかわる公金支出の差止めを認めた泡瀬干潟訴訟（福岡高那覇支判平 21・10・15）などが有名である。

## 3 国際環境紛争の解決

### 1 多様な解決方法

国際環境紛争は，《自然環境および天然資源の保存に関する諸問題から生じる国家間の紛争》である。**紛争の解決**とは，《国際義務を遵守していないという主張をめぐる国家間の争いを解決すること》をいう。ここではその解決のための国際法上の手続または制度について述べることにする。

環境条約の増加に伴って，締約国に条約を遵守させ，条約目的を達成するにはどのような方法が有効であるかが問題となる。特に環境紛争解決の手段の多様化に関する議論が盛んである。その背景には次のような事情がある。従来の国際環境紛争は二国間条約の違反または慣習法上の権利の侵害の結果生じた環境損害をめぐる紛争であった。このような**越境環境紛争**には「伝統的な国家責任法」が適用され，国際法上の違法行為を前提に，加害国が被害国に対して事後救済（金銭賠償，再発防止の保証）を与えることで解決してきた。他方，**地球環境保護**の条約は回復不能な損害を防止することが目的であるため，条約の実効性を確保する多様な方法が必要となる。

### 2 伝統的な紛争解決の方法

国家間の環境紛争についても，国際法の伝統的な紛争解決の方法が利用される。国際紛争を平和的に解決する手段として，**交渉**，**審査**，**仲介**，**調停**，**仲裁裁判**，**司法的解決**などがある（国連憲章33条1）。環境紛争の当事国はこれらの手段から個々の紛争の解決に適する手段を自由に選ぶことができる。

**国際裁判によらない解決**

**交渉**は，紛争当事国双方が外交手続を通して行う直接の話合いである。**審査**は，中立的な委員会が紛争の事実を調査・解明し，その結果を報告することによって当事国間の緊張を緩和し，意見の対立を解消する方法である。**仲介**は，第三国が交渉の内容に立ち入って当事国の意見を調整し，紛争の解決案を提案するものである。**調停**は，中立的な国際委員会が紛争の事実を審査し，紛争のすべての側面を考慮しながら当事国の意見を調整し，みずから解決案を示す方法である。

交渉に類似する**協議**は，他国の権利や利益に回復不能な損害を発生させるおそれのある活動を行う前に，利害関係国双方の意見対立を調整することによって環境紛争を事前に回避または解決する方法である。多くの環境条約は協議制度を採用している。他国の天然資源に影響を与えうる開発計画，公海上の油汚染事故による沿岸汚染防止のための措置，緊急事態における海洋投棄の許可など，環境上有害な活動の許容性をめぐる紛争で協議が要求される。

### 国際裁判による解決

**国際裁判**は，法的拘束力をもつ判決によって紛争を解決する方法である。国際裁判には，仲裁裁判と司法裁判（司法的解決）がある。**仲裁裁判**は，紛争が発生するたびに当事国が合意によって選任する裁判官から構成される裁判所によって行われる，常設の裁判所によらない裁判をいう。仲裁裁判で適用される裁判基準（適用法規）は当事国間の合意で定められる。**司法裁判**は，常設の裁判所（国際司法裁判所など）で国際法にしたがって行われる裁判である。仲裁裁判と同様に，司法裁判は原則として当事国間の合意に基づいて行われる。

環境条約は一般に，その条約の解釈や適用に関する紛争について，上記の伝統的な紛争解決の制度を採用している。第一に，外交交渉その他の平和的手段による解決を要求し，次に，それによって解決できない紛争については，仲裁裁判または司法裁判（国際司法裁判所など）による解決を求めるのが，一般的なパターンである。このうち，国際裁判については，(a)当事国間の合意によって裁判が行われる場合（1973年ワシントン条約18条，1985年オゾン層保護ウィーン条約11条3，1989年バーゼル条約20条2など），および，(b)いずれかの紛争当事国の要請によって仲裁裁判または司法裁判に一方的に付託される場合（1986年原子力事故早期通報条約11条2など）がある。最近の環境条約では，(a)の合意が成立せずに「裁判」が行われない場合，いずれかの当事国の要請で「調停委員会」を設けて，その勧告的な裁定を当事国に検討させるものがある（オゾン層保護ウィーン条約11条4・11条5，1992年気候変動枠組条約14条5・14条6，1992年生物多様性条約27条4）。なお，ラムサール条約や世界遺産条約は紛争解決のための特別の規定（紛争解決条項）をもたないが，この場合も国際紛争の平和的な解決は諸国の一般的な義務である（国連憲章33条1）。

### 3 国際裁判による実際の紛争解決

トレイル熔鉱所事件（1941年）は，カナダの民間の熔鉱所が放出した多量のばい煙がアメリカの農林産業に損害を与え，アメリカがカナダに対して損害賠償を請求した事件である。本件は，1909年のアメリカ・カナダ国境水条約によって設立された国際合同委員会に付託されたが（調停），その紛争解決のための勧告がアメリカによって受諾されず，外交交渉を経て，最終的には両国が合意で設けた仲裁裁判所によって解決された。

国際河川の転流をめぐるスペインとフランスの間のラヌー湖事件（1957年）は，外交交渉で解決されず，その後，両国の仲裁裁判条約（1929年）に基づく仲裁によって解決された。両事件の判決は，国際環境法の一般原則（**領域使用の管理責任の原則**，事前の通報・協議の義務）を示した点で，注目すべき古典的な国際裁判例である。

領域使用の管理責任の原則によれば，国家は，他国の権利を害する行為のために自国の領域が使用されることを知りながら，それを許してはならない義務を負う。さらに，ストックホルム人間環境宣言の第21原則では，国家は自国の天然資源を開発する権利を有するが，他方，自国の領域内または管理下の活動が他国や国際公域（公海とその上空，宇宙，深海底，南極）の環境を害することのないように確保すべき義務を負う。

### CASE 10　トレイル熔鉱所事件（1941年）仲裁判決

1920年代にイギリス自治領のカナダの民間の精錬工場から亜硫酸ガスが発生し，それが国境を越えて隣国アメリカのワシントン州の農作物や森林などに被害を与えた。外交交渉および国際調停による解決が成功せずに，英米両国はこの事件を仲裁裁判で解決することに合意した。判決は，カナダ自治領政府が民間企業から排出される国境を越える損害を防止する義務を負うとした。

事前の通報・協議および環境影響評価の義務は，他国に重大な損害を与えるおそれのある危険活動について重要な規則である。環境への悪影響を防止，除去，減少または規制するために，潜在的な加害国は，その活動計画を潜在的被害国に通報し，かつ関係国間で交渉・協議し，被害国の利益に合理的な配慮を払う義務を負う。科学的方法に基づく環境影響評価の義務は，通報や協議を効果的なものにする手続として不可欠である。もっとも，これらの手続的義務が誠実に履行されるならば，潜在的な加害国は自らの判断で計画した活動を実施することができる。潜在的被害国に他国の危険活動を停止させる権利が認められるわけではない。

### CASE 11　ラヌー湖事件（1957年）仲裁判決

フランスの電力会社が自国領域内にあるラヌー湖の水を人為的に別の河川に転流し，水力発電に利用した後，スペインとの国境手前の国際河川（ラヌー湖の分流）に返還する作業計画を作成し，自国政府の許可を求めた。スペインはその同意なしの計画の実施が関連条約に違反すること等を理由に，その計画に反対した。外交交渉等で未解決のため，仲裁裁判に付託された。判決は条約上事前の合意は必要ないとし，かつスペインの利益を正当に考慮することを条件に，その事業を実施するフランスの権利を認めた。

国際環境法の発展にとって，国際裁判が果たす役割は限られている。諸国は国際裁判の利用に消極的であり，環境紛争に関する国際裁判は少ない。特定の紛争に適用すべき国際法の規則が存在しないか，それが不明確な場合には，交渉や調停による解決（およびそれに付随する新たな条約の作成）が優先される（1986年チェルノブイリ原発事故，ヨーロッパや北米諸国間の酸性雨問題）。二国間の環境紛争においても，適用法規が明確でない場合には，通常の司法的解決は困難である。環境保護が問題となったガブチコボ・ナジュマロシュ計画事件（1997年）において，国際司法裁判所（ICJ）は，関係国間の条約（1977年）をその条約締結後に形成された「環境に関する国際法の諸原則」に適合するように解釈・適用するように命じた。この判決は当事国間の交渉による紛争解決を促すものである。

**CASE 12　チェルノブイリ原発事故**（1986年）

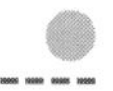

旧ソ連のウクライナで人為的な操作ミスによって原子炉爆発事故が発生し，大量の放射性物質が大気中に放出したため，ヨーロッパの各地に放射能汚染による被害が生じた。この事故を契機に，国際原子力機関が中心となって原子力事故の早期通報に関する条約および事故後の国際援助に関する条約が採択され，発効した。いずれの被害国も旧ソ連に対して国家責任の追及を行わなかった。

国際司法裁判所は，ウルグアイ川パルプ工場事件（アルゼンチン＝ウルグアイ，2010年）において，ウルグアイは国際河川流域における工場建設を許可した際に，水質に悪影響を与える事業について事前の通報・協議を定める両国間の条約（手続的義務）に違反したと判示した。判決はまた，計画中の産業活動が共有資源に重大な悪影響を与える危険がある場合に，環境影響評価を実施することは今や一般国際法上の要件であるとし，それを実施しない場合には越境環境損害を防止する義務に違反するとした。もっとも，関連の条約や一般国際法が環境影響評価の範囲や内容を特定していない場合には，各国の国内法で決定できるとした。本件では，環境損害が立証されていないので，ウルグアイに実体法上の義務違反はないとした。事業の中止と損害賠償の支払いを求めるアルゼンチンの主張は認められなかった。

CASE 13 **ガブチコボ・ナジュマロシュ計画事件**（1997年）
**国際司法裁判所判決**

チェコスロバキア（後にスロバキア）とハンガリーは両国を流れるドナウ川にダムと発電所を建設し，河川流域を共同開発する計画に合意し，条約を締結した。スロバキア領域内の関連工事は順調に進展した。他方，ハンガリーは環境保護を理由に作業を中断・放棄したため，スロバキアは当初の計画と異なる計画を一方的に実施した。両国の合意により事件は国際司法裁判所に提訴された。判決は，計画を放棄し，計画を一方的に進める権利は認められないとし双方の違法行為を認定した。同時に，当初の条約はなお有効であるとして，両当事国の立場（開発優先のスロバキアと環境保護重視のハンガリー）を考慮する条約の柔軟な実施を行うための誠実な交渉を命じた。

最近では，国際環境の分野で国際裁判が利用される機会が少しずつ増えている。

国際司法裁判所の環境事件として，空中除草剤散布事件（エクアドル＝コロンビア）がある。エクアドルは2008年，麻薬の原料となる違法なコカ・ケシ栽培をする農園を除去するためにコロンビアが行った除草剤の散布が国境を越えてエクアドルの国民の健康，財産，環境に有害な影響を与えたとして，領域主権侵害の認定，違法行為の停止，損害賠償を求めた（2013年訴えの取下げ）。

また，国際司法裁判所は，日本が南極海で行っている調査捕鯨の即時中止を求めてオーストラリアが起こした訴訟で，日本の調査捕鯨は科学的ではなく，国際捕鯨取締条約に違反するとして，今後の調査捕鯨の中止を命じた（2014年）。日本は2019年に国際捕鯨取締条約とその実施機関である国際捕鯨委員会（IWC）から脱退し，31年ぶりに商業捕鯨を再開した。もっとも，国連海洋法条約では捕鯨は国際機関と協力して行うとされる（65条）ことから，脱退後もIWCとの連携が求められる（関連情報の提供やオブザーバー参加）。

国連海洋法条約（第15部）によって設立された国際海洋法裁判所（ITLOS）は，漁業資源紛争や海洋汚染紛争（みなみまぐろ事件⇒160頁 CASE 2，MOX燃料加工工場事件⇒次頁 CASE 14 など）を解決した（286条・287条・290条5）。海洋生物資源の保存は海洋環境の保護・保全の一要素である（1999年ITLOS暫定措置命令）。みなみまぐろ事件は，当初国連海洋法条約上の紛争であるとして，日本に不利な暫定措置が下されたが，最終的にはみなみまぐろ保存条約に定める紛争解決が優先されることとなった。MOX燃料加工工場事件は，OSPAR条約（北東大西洋環境保護条約）に基づく仲裁裁判にも付託された。したがって，同一の環境紛争が異なる複数の裁判所に係属し，裁判所の管轄が競合する場合がある。1994年設立のWTO（世界貿易機関）の紛争解決機関は，自由貿易と環境保護の両立に関する事件で，国際環境法の原則や規則（予防原則，持続可能な開発）に言及している。この場合には，自由貿易体制を基礎とするWTOの準司法的解決においてどの範囲まで環境保護規範の要請が考慮されるかという問題が生じる。これらの特殊な紛争解決機関による国際環境法の発展にも注目する必要がある。

CASE 14 **MOX燃料加工工場事件**（2001年）
**国際海洋法裁判所**

日本は原子力発電所から生じる使用済み核燃料を他国（イギリス，フランス）の再処理工場に海上輸送し，新たに生じたプルトニウムや高レベル放射性廃棄物を再利用している。このような事業に関連して，アイルランドはイギリスによる放射性物質や廃棄物が自国の海域内を移動するのを即時停止させる**暫定措置**を国際海洋法裁判所に求めた。判決は，停止措置を必要とする緊急性はないとしたが，両国に対して**環境影響に関する情報交換および環境リスクの監視**を行い，汚染防止措置について協力と協議を行うように命じた。判決は損害防止を求めるアイルランドの暫定措置は否定したが，海洋汚染防止の基本原則は国際協力であり，裁判所はこれに由来する権利の保全を命じる権限も有すると判示した。

地球環境保護条約の違反が問題となる場合，紛争それ自体が**国際社会の一般的利益の保護**に関する多数国間紛争の性質をもつために，司法機関は紛争解決の適切なフォーラムとはいえない。司法裁判に紛争を付託し請求を行う国家は，自らの具体的な権利を侵害されたことを立証しなければならないからである。特定の加害国と被害国の個別的な関係を前提とする司法裁判の手続は，国際社会全体がその保護に利益をもつ地球環境保護条約の違反をめぐる紛争解決にはなじまない。国家が国際社会全体のために訴訟を提起する**民衆訴訟の制度**（*actio popularis*）は今のところ認められていない。地球環境保護の条約はそもそも回復不能な損害の発生を未然に防止することを目的とするものであるため，条約違反の防止（履行確保）や条約違反に対する措置（執行）には新たな工夫が必要となる。

## 4 条約機関による義務履行の確保

地球環境保護の条約は，伝統的な紛争解決の制度とともに，条約義務の履行を監視する特別の制度を設ける。

**国家報告制度**

「**国家報告制度**」は，締約国は国内における条約義務の実施状況を条約機関（締約国会議）に報告し，それが条約機関によって審議・検討され，必要な場合には適切な措置を勧告する制度である（オゾン層保護ウィーン条約５条・６条，気候変動枠組条約４条２(b)，７条１・７条２）。審議・検討あるいは勧告によって条約義務の履行を関係国に促す制度は，紛争回避の最も一般的かつ実効的な手段であるといわれる。

**遵守確保の手続**

「**遵守確保の手続**」（遵守手続）は，条約機関が義務の不履行を審査・認定し，あらかじめ条約で特定された措置を勧告または決定する手続である。1987年オゾン層モントリオール議定書（不遵守手続）において，すべての締約国および事務局は，他の締約国に違反があるという申立てを条約機関（実施委員会）に対して行うことができる。違反国は自らの違反を自己申告することもできる。条約機関は関連の事実や違反の原因を検討し，それを締約国会合に報告する。それを受けて，締約国会合は違反国に対して，**制裁措置**（条約上の権利停止）だけでなく，**遵守を促進・援助する措置**（資金・技術援助）を要求することができる。気候変動枠組条約の京都議定書（2005年発効）の違反についても，類似の遵守手続が採用されている。その他，UNEP（国連環境計画）によれば，遵守手続は，ラムサール条約，世界遺産条約，ワシントン条約，バーゼル条約，生物多様性条約，移動性野生動物種保全条約（不遵守に対する対応措置なし）に導入されている。

## 参考文献

### 第1節

◎公害健康被害補償制度および公害紛争処理制度についてより詳細に説明する概説書として

＊大塚直『環境法〔第3版〕』（有斐閣・2010）641頁以下，726頁以下

＊大塚直『環境法 BASIC〔第2版〕』（有斐閣・2016）345頁以下，468頁以下

＊阿部泰隆＝淡路剛久編『環境法〔第4版〕』（有斐閣・2011）443頁以下，446頁以下

＊北村喜宣『環境法〔第4版〕』（弘文堂・2017）252頁以下

◎公害環境問題に関する民法・不法行為法上の論点について検討するものとして

＊吉村良一「公害・環境侵害」窪田充見編『新注釈民法(15)』（有斐閣・2017）678頁

＊大塚直「公害・環境訴訟」能見善久＝加藤新太郎編『論点体系 判例民法(8)〔第3版〕』（第一法規・2019）431頁

＊前田陽一「環境規制と訴訟――民事訴訟（原子力）」大塚直先生還暦記念『環境規制の現代的展開』（法律文化社・2019）413頁

### 第2節

◎行政事件訴訟法の改正について

＊「特集・改正行政事件訴訟法施行10年の検証」論ジュリ8号（2014）

＊橋本博之『解説改正行政事件訴訟法』（弘文堂・2004）

＊小早川光郎＝高橋滋編『詳解改正行政事件訴訟法』（第一法規・2004）

◎環境訴訟について

＊日本弁護士連合会公害対策・環境保全委員会編『公害・環境訴訟と弁護士の挑戦』（法律文化社・2010）

### 第3節

◎最近の国際環境紛争を検討するものとして

＊「〔特集〕みなみまぐろ仲裁裁判事件」国際100巻3号（2001）

＊小松正之＝遠藤久『国際マグロ裁判』（岩波書店・2002）

＊繁田泰宏『フクシマとチェルノブイリにおける国家責任――原発事故の国際法的分析』（東信堂・2013）

◎世界各地の水問題の現状と国際河川と湖をめぐる国家間紛争について

＊高橋裕『地球の水が危ない』（岩波書店・2003）

＊鳥谷部壌『国際水路の非航行的利用に関する基本原則』（大阪大学出版会・2019）

◎国際環境紛争の裁判例の概要について

＊小寺彰＝森川幸一＝西村弓編『国際法判例百選〔第2版〕』（有斐閣・2011）

＊「国際環境判例・事件」広部和也＝臼杵知史編集代表『解説 国際環境条約集』（三省堂・2003）所収
＊松下満雄＝清水章雄＝中川淳司編『ケースブック ガット・WTO 法』（有斐閣・2000）

**◎国際環境紛争の解決に関する理論的な側面について**

＊加藤信行「環境紛争と国際裁判」西井正弘＝臼杵知史編『テキスト国際環境法』（有信堂・2011）所収
＊村瀬信也『国際立法』（東信堂・2002）

**◎遵守手続に関する研究として**

＊臼杵知史「地球環境保護条約における履行確保の制度」世界法年報 19 号（2000）72 頁
＊臼杵知史「京都議定書の遵守手続」同志社法学 59 巻 4 号（2007）1 頁
＊柴田明穂「環境条約不遵守手続の帰結と条約法」国際 107 巻 3 号（2008）331 頁
＊西村智朗「国際環境条約の実施をめぐる理論と現実」社会科学研究（東京大学）57 巻 1 号（2005）39 頁

**◎国際環境法に関する包括的研究として**

＊兼原敦子「環境保護における国家の権利と責任」国際法学会編『日本と国際法の 100 年 6 開発と環境』（三省堂・2001）28 頁
＊西井正弘編『地球環境条約 生成・展開と国内実施』（有斐閣・2005）
＊児矢野マリ『国際環境法における事前協議制度』（有信堂・2006）
＊P・バーニー＝A・ボイル（池島大策＝富岡仁＝吉田脩訳）『国際環境法』（慶應義塾大学出版会・2007）
＊庄司克宏編著『EU 環境法』（慶應義塾大学出版会・2009）

# 事項索引

## か

■ き ■



■ く ■



■ け ■

## こ

## さ



## し

## ■ す ■



## ■ せ ■



## ■ そ ■

## た



## ち



## つ



## て



## と

## ■ な ■



## ■ に ■



## ■ ね ■



## ■ の ■



## ■ は ■

## ひ



## ふ



## へ



## ほ



## ま

## み



## む



## め



## も



## や



## ゆ



## よ



## ら



## り

## れ



## ろ



## わ

# 判例索引

【 】内数字＝環境法判例百選〔第3版〕の項目番号

## 大審院・最高裁判所

## 控訴院・高等裁判所

## ■ 地方裁判所 ■

# ■ 環境年表 ■

＊は国際的な動きを，◆は国内の動きを表す
条約・決議等は署名（作成）年，法律・条例は公布年で表示している

| | 法律・条例・条約・決議等 | 事件・会議・判決等 |
|---|---|---|
| 1890 | | ◆足尾鉱毒事件（1890-） |
| 1893 | | ＊ベーリング海オットセイ事件 |
| 1900 | ◆汚物掃除法 | |
| 1906 | | ◆日立煙害事件 |
| 1909 | ＊アメリカ・カナダ国境水条約 | |
| 1916 | | ◆大阪アルカリ事件大審院判決 |
| 1918 | ◆鳥獣保護及狩猟ニ関スル法律（鳥獣保護法） | |
| 1931 | ◆国立公園法 | |
| 1941 | | ＊トレイル溶鉱所事件（最終判決） |
| 1945 | | ＊第2次世界大戦修了<br>◆広島・長崎に原爆投下 |
| 1946 | ＊国際捕鯨取締条約 | |
| 1949 | ◆東京都工場公害防止条例 | |
| 1950 | ◆大阪府事業所公害防止条例 | ◆朝鮮戦争勃発 →朝鮮特需 |
| 1951 | ◆神奈川県事業場公害防止条例 | |
| 1954 | ＊海洋油汚染防止条約<br>◆清掃法 | ＊第五福竜丸事件 |
| 1955 | | ◆神武景気（1955-1957） |
| 1956 | | ◆経済白書「もはや戦後ではない」→第1次高度成長 |
| 1957 | ◆自然公園法（国立公園法の廃止） | ＊ラヌー湖事件<br>◆岩戸景気（1957-1961） |
| 1958 | ◆公共用水域の水質の保全に関する法律<br>◆工場排水等の規制に関する法律（「水質二法」） | ◆浦安漁民騒動 |
| 1959 | | ◆四日市で石油コンビナートの操業開始 |
| 1960 | ＊原子力損害民事責任パリ条約 | ◆池田内閣の所得倍増政策 |
| 1961 | | ◆四日市ぜん息問題化 →四大公害事件<br>（ほかに水俣病，新潟水俣病，イタイイタイ病） |
| 1962 | ◆ばい煙規制法 | ＊レイチェル・カーソン『沈黙の春』 |
| 1963 | ＊原子力損害民事責任ウィーン条約 | |
| 1964 | | ◆東海道新幹線・首都高速道路開通<br>◆東京オリンピック開催<br>◆総理府に公害対策推進連絡会議を設置 |
| 1965 | | ◆厚生省に公害審議会を設置 |
| 1966 | | ◆第2次高度成長 |
| 1967 | ◆公害対策基本法 | ＊トリー・キャニオン号事件 |
| 1968 | ◆大気汚染防止法（ばい煙防止法の廃止）<br>◆騒音規制法 | |
| 1969 | ＊油汚染事故公海措置条約<br>＊油汚染損害民事責任条約 | ＊アメリカで国家環境政策法（NEPA）の制定 |
| 1970 | ◆公害対策基本法改正<br>◆大気汚染防止法改正<br>◆騒音規制法改正<br>◆水質汚濁防止法（水質二法の廃止）<br>◆海防法<br>◆農用地土壌汚染防止法<br>◆公害防止事業費事業者負担法<br>◆廃棄物処理法<br>◆公害罪法 | ＊アメリカでの環境保護庁（EPA）の創設<br>◆「公害国会」 |
| 1971 | ＊ラムサール条約<br>◆悪臭防止法 | ◆東京ゴミ戦争勃発<br>◆環境庁創設<br>◆新潟水俣病事件新潟地裁判決 |
| 1972 | ＊人間環境宣言<br>＊世界遺産条約<br>＊ロンドン海洋投棄条約<br>◆自然環境保全法<br>◆大気汚染防止法改正・水質汚濁防止法改正（無過失責任の規定の導入） | ＊国連人間環境会議（ストックホルム）<br>＊国連環境計画（UNEP）発足<br>◆沖縄返還<br>◆日本列島改造論の田中角栄首相となる<br>◆『日本列島改造論』出版<br>◆四日市訴訟津地裁四日市支部判決 |
| 1973 | ＊ワシントン条約<br>＊船舶汚染防止（MARPOL）条約<br>◆瀬戸内海環境保全臨時措置法（1978年に瀬戸内海環境保全特別措置法として恒久化）<br>◆公害健康被害補償法<br>◆化学物質審査規制法<br>◆都市緑地保全法（2004年に都市緑地法と名称変更） | ＊ICJ・核実験事件（仮保全措置命令）<br>◆第1次石油危機<br>◆熊本水俣病事件熊本地裁判決 |
| 1974 | ＊北欧環境保護条約<br>◆大気汚染防止法改正（硫黄酸化物と窒素酸化物につき総量規制の導入） | ＊ICJ・核実験事件（判決） |
| 1975 | ＊日本・アメリカ環境協力協定 | |
| 1976 | ＊地中海汚染防止条約<br>＊環境改変技術敵対的使用禁止条約<br>◆川崎市環境影響評価条例 | ＊国連人間居住会議<br>＊セベソ農薬工場事件（伊） |
| 1977 | ◆領海及び接続水域に関する法律 | ＊国連水資源会議<br>＊国連砂漠化防止会議 |
| 1978 | ＊MARPOL条約議定書<br>◆水質汚濁防止法改正（CODにつき総量規制の導入） | ＊コスモス954号原子炉衛星落下事件<br>＊アモコ・カジス号事件 |
| 1979 | ＊長距離越境大気汚染（LRTAP）条約<br>◆滋賀県琵琶湖の富栄養化の防止に関する条例 | ＊スリーマイル島原発事故（米）<br>◆第2次石油危機 |
| 1980 | ＊南極海洋生物資源保存条約 | |
| 1982 | ＊UNEP・ナイロビ宣言<br>＊世界自然憲章 | |
| 1983 | | ◆環境影響評価法案が廃案 |
| 1984 | ◆湖沼水質保全特別措置法 | ＊環境と開発に関する世界委員会（WCED，ブルントラント委員会）発足<br>＊ボパール・ガス事件<br>◆要綱「環境影響評価の実施について」（閣議決定） |
| 1985 | ＊オゾン層保護ウィーン条約 | ＊地球温暖化フィラハ会議（墺）<br>＊人工衛星，オゾンホールを確認 |
| 1986 | ＊WCED・法原則宣言<br>＊原子力事故早期通報条約<br>＊原子力事故援助条約<br>＊南太平洋環境保護条約 | ＊チェルノブイリ原発事故<br>＊ライン川化学工場爆発事故 |
| 1987 | ＊オゾン層破壊物質に関するモントリオール議定書<br>◆リゾート法 | ＊WCED“Our Common Future”：「持続可能な開発」理念発表 |
| 1988 | ＊ウィーン条約及びパリ条約の適用に関する共同議定書<br>◆フロンガス規制法 | ＊気候変動政府間パネル（IPCC）設置 |
| 1989 | ＊バーゼル条約 | ＊エクソン・バルティーズ号事件 |
| 1990 | ＊ECE・ベルゲン宣言<br>＊油汚染事故対策協力条約 | ＊環境庁に地球環境部を設置（日） |
| 1991 | ＊越境環境影響評価条約（エスポ条約）<br>＊南極条約環境保護議定書<br>◆リサイクル法 | ＊湾岸戦争でペルシャ湾に原油流失<br>◆バブル景気崩壊 |

（裏面へ続く）

|  | 法律・条例・条約・決議等 | 事件・会議・判決等 |
|---|---|---|
| 1992 | ＊越境水路等保護利用のヘルシンキ条約<br>＊気候変動枠組条約<br>＊生物多様性条約<br>＊環境と開発に関するリオ宣言<br>◆種の保存法<br>◆バーゼル法<br>◆自動車 NOx 法 | ＊環境と開発に関する国連会議（UNCED，リオデジャネイロ）<br>◆日の出町事件発生 |
| 1993 | ◆環境基本法（公害対策基本法の廃止） | ＊核廃棄物を日本海に投棄発覚（露）<br>＊環境基本法施行（日）<br>◆白神山地と屋久島が世界遺産に登録 |
| 1994 | ＊砂漠化対処条約<br>＊原子力安全条約 |  |
| 1995 | ＊国連公海漁業実施協定<br>◆容器包装リサイクル法 | ◆阪神淡路大震災<br>◆生物多様性国家戦略（閣議決定）<br>◆奄美「自然の権利」訴訟提訴<br>◆高速増殖炉もんじゅナトリウム漏れ事故 |
| 1996 | ＊ロンドン海洋投棄条約改正議定書<br>◆海洋生物資源の保存及び管理に関する法律<br>◆排他的経済水域及び大陸棚に関する法律 | ◆水俣病和解成立（一部の訴訟は続行） |
| 1997 | ＊国際水路非航行的利用の法に関する条約<br>＊日本・ドイツ環境協力協定<br>＊放射性廃棄物等管理安全条約<br>＊原子力損害民事責任ウィーン条約改正議定書<br>＊原子力損害補完的補償条約<br>＊京都議定書<br>◆環境影響評価法<br>◆河川法改正（「河川環境の整備と保全」を法目的に追加）<br>◆南極環境保護法 | ＊ナホトカ号重油流失事故<br>＊ ICJ・ガブチコボ・ナジュマロシュ計画事件<br>◆岐阜県御嵩町で産廃処分場建設をめぐり住民投票の実施<br>◆環境法政策学会設立<br>◆諫早湾水門締め切り |
| 1998 | ＊ ECE・オーフス条約<br>＊ロッテルダム条約<br>◆家電リサイクル法<br>◆地球温暖化対策推進法 |  |
| 1999 | ＊バーゼル条約損害賠償責任議定書<br>＊水及び健康に関する議定書<br>◆ PRTR 法<br>◆ダイオキシン類対策特別措置法<br>◆海岸法改正（「海岸環境の整備と保全」を法目的に追加）<br>◆食料・農業・農村基本法（農業の多方面機能の一つとして自然環境の保全を明示。農業基本法の廃止） | ＊国際海洋裁判所・みなみまぐろ事件（暫定措置命令）<br>＊医療廃棄物輸出事件（～2000，日・比，→国内判決 2002，2003 年） |
| 2000 | ＊生物多様性条約カルタヘナ議定書<br>◆循環型社会形成推進基本法<br>◆建設資材リサイクル法<br>◆食品リサイクル法<br>◆東京都・都民の健康と安全を確保する環境に関する条例 | ＊みなみまぐろ事件（仲裁判決）<br>◆尼崎大気汚染公害訴訟で神戸地方裁判所が SPM の排出差止めを認める（1 月 31 日）<br>◆豊島産廃事件公害等調整委員会調停成立（6 月 6 日）<br>◆尼崎公害訴訟神戸地裁判決 |
| 2001 | ＊残留性有機汚染物質に関するストックホルム条約<br>＊京都議定書遵守手続<br>＊燃料油汚染損害の民事責任条約<br>◆フロン回収法<br>◆自動車 NOx・PM 法 | ＊ニューヨーク同時多発テロ事件<br>＊アフガニスタン戦争<br>＊国際海洋法裁判所・MOX 燃料加工工場事件<br>◆環境庁が環境省に組織変更。 |
| 2002 | ＊持続可能な開発に関するヨハネスブルグ宣言<br>＊衛生植物検疫措置適用協定（SPS 協定）<br>＊森林に関する議定書<br>◆自動車リサイクル法<br>◆土壌汚染対策法<br>◆自然公園法改正（風景地保護協定，公園管理団体など）<br>◆鳥獣保護法（1918 年法を改正してひらがな表記）<br>◆地球温暖化対策推進法改正 | ◆新・生物多様性国家戦略（閣議決定）<br>◆東京大気汚染訴訟判決<br>◆産業廃棄物輸出事件宇都宮地裁判決 |
| 2003 | ＊ WHO たばこ規制条約<br>＊戦略的環境評価に関する（1991 年エスポ条約）議定書<br>◆自然再生推進法<br>◆カルタヘナ法 | ＊イラク戦争<br>◆産業廃棄物輸出事件東京高裁判決 |
| 2004 | ＊船舶バラスト水及び沈殿物の規制管理の国際条約<br>◆外来生物法<br>◆景観法<br>◆環境配慮促進法 | ◆水俣病関西訴訟で最高裁判所が国と県の責任を認める（10 月 15 日） |
| 2005 | ＊京都議定書目標達成計画（4 月 28 日閣議決定）<br>＊南極条約環境保護議定書の附属書Ⅵ | ◆知床が世界遺産に登録<br>◆もんじゅ訴訟差戻後上告審判決 |
| 2006 | ＊国際熱帯林協定<br>◆石綿健康被害救済法<br>◆石綿健康被害防止のための改正法（大気汚染防止法・廃棄物処理法等改正）<br>◆地球温暖化対策推進法改正<br>◆鳥獣保護法改正<br>◆容器包装リサイクル法改正 | ◆国立マンション訴訟上告審判決 |
| 2007 | ◆自動車 NOx・PM 法改正 |  |
| 2008 | ◆生物多様性基本法<br>◆公健法改正 | ◆浜松市土地区画整理事業事件大法廷判決（青写真判決の判例変更） |
| 2009 | ＊国際再生可能エネルギー機関憲章<br>◆土壌汚染対策法改正<br>◆自然公園法・自然環境保全法改正<br>◆化学物質審査規制法改正 | ◆泡瀬干潟訴訟控訴審判決<br>◆鞆の浦訴訟第 1 審判決 |
| 2010 | ＊有害有毒物質の海上輸送に関する損害の賠償及び補償に関する国際条約の議定書<br>＊生物多様性条約の ABS に関する名古屋議定書<br>＊名古屋・クアラルンプール補足議定書<br>◆地域における多様な主体の連携による生物多様性保全活動促進法<br>◆大気汚染防止法改正<br>◆水質汚濁防止法改正<br>◆廃棄物処理法改正 | ＊ ICJ・ウルグアイ川パルプ工場事件<br>◆諫早湾干拓訴訟控訴審判決<br>◆生物多様性国家戦略 2010（閣議決定） |
| 2011 | ◆環境影響評価法改正<br>◆原子力損害賠償仮払い法<br>◆再生可能エネルギー特別措置法 | ◆東日本大震災・福島第一原発事故<br>◆平泉と小笠原諸島が世界遺産に登録 |
| 2012 | ◆小型家電リサイクル法 | ＊国連持続可能な開発会議（リオデジャネイロ）<br>◆原子力規制委員会設置（環境省外局として） |
| 2013 | ＊水銀に関する水俣条約 |  |
| 2014 | ◆水循環基本法<br>◆地域自然資産法 |  |
| 2015 | ＊パリ協定 | ＊ ICJ・コスタリカ道路建設事件 |
| 2016 | ＊モントリオール議定書改正 |  |
| 2017 | ◆都市緑地法改正（緑地保全・緑化推進法人） |  |
| 2018 | ＊中央北極海無規制公海漁業防止協定<br>◆種の保存法改正 |  |
| 2019 | ＊バーゼル条約附属書改正<br>◆自然環境保全法改正（沖合海底自然環境保全地域） |  |

環境法入門〔第4版〕
*Introduction to Environmental Law*

有斐閣アルマ

2005年10月20日 初 版第1刷発行
2007年4月1日 補訂版第1刷発行
2012年4月10日 第2版第1刷発行
2015年2月25日 第3版第1刷発行
2020年3月30日 第4版第1刷発行

著 者 交告尚史
臼杵知史
前田陽一
黒川哲志

発行者 江草貞治

発行所 株式会社 有斐閣
郵便番号 101-0051
東京都千代田区神田神保町2-17
電話 (03)3264-1314〔編集〕
(03)3265-6811〔営業〕
http://www.yuhikaku.co.jp/

印刷・精文堂印刷株式会社／製本・大口製本印刷株式会社


ISBN 978-4-641-22162-8